| 서울 사는 나무 |

우리,
숲에서
만나요.

정희재

글·사진 장세이

목수책방
木水冊房

나무는 살아있다
당신이 살아있듯

서울 사는 나

  스물다섯이 될 때까지 지리 교과서에 나오는 김해평야 한가운데, 낙동강 삼각주와 가까운 마을, 텃밭과 마당이 넓은 집에 살았다. 집이 곧 벽이 된 서쪽을 빼고는 대나무와 탱자나무, 낙동강이 울타리였던 집. 안채 툇마루에 앉으면 마당과 텃밭과 강줄기가 한눈에 내다보이고, 그 너머에서는 비행기가 날아올랐다. 열 살 무렵 비행기의 이착륙 풍경을 소재로 '새'라는 시를 써 큰 상을 받은 건, 훗날 '글밭을 일구고 살리라'는 예언이었는지 모른다.

  미끄럼틀 대신 타고 내리던 감나무 가지의 마른 탄력, 숨바꼭질하다 밭고랑에 엎디었을 때 들숨에 새어들던 흙의 입자, 이듬해 봄까지 화단에서 조용히 썩어가던 어린 모과의

빛깔, 풀끝에 매달려 맨 발목에 감겨오던 아침이슬의 온도와
감촉을 나는 지금껏 기억한다. 그렇게 오감으로 계절을 익히며
감처럼 익어갔다.
　　　대학을 졸업하고 서울에 왔을 때, 지하철 3호선 동호대교
아래 잠잠한 한강을 보다가 괜스레 막막해져 소리 죽여 울었다.
잡지기자가 되어 갖가지 잡지를 만들면서야 처진 어깨가
조금씩 펴졌다. 신사동 사거리처럼 정신없이 살며 냉난방기의
가동 여부로 계절을 알았다. 택시기사도 모르는 지름길로
다니고, 고향 사람보다 서울에 아는 사람이 많아졌다. 그런데
이상하게 늘 배가 고팠다. 빈말과 술수에 놀아날 때마다
허기는 더 심해졌다. "사람은 믿을 게 못 된다"던 이들이 몸소
그 가르침을 깨우쳐주었을 때, 무엇도 밥이 되지 못했다.
　　　맥없이 길을 걷다 어느 간판에서 '나무'라는 단어를 발견한
순간, 이제 살았구나 싶었다. 나무와 숲을 배울 데를 찾아
'숲연구소'에 다녔다. 숲에 든 지 1년여, 나는 다시 살아났다.
어린 시절 나를 살린 것이 대지와 숲과 나무와 열매였다는 것을
비로소 깨달았다. 사람도 자연의 지배 아래 든 생명이라 계절
따라, 순리대로 살아야 한다는 오랜 진리를 뒤늦게 아로새겼다.
숲 너머 빌딩숲에 살며 부초처럼 떠돌다 막막한 서울의
갈라진 틈, 흙 자리에 비로소 뿌리를 내렸다.

서울 사는 나무

처음 책을 쓰려 할 때의 목차는 지금과 사뭇 다르다. 자주 찾아 올려다보던 운현궁 인근의 목련은 다음해 봄, 전봇대가 되어있었다. 마구잡이로 가지치기를 당해 한참만에 알아보았다. 종로2가 금강제화사거리 횡단보도 앞에 서 있던 나무가 가죽나무인 것을 알아보고서는 기뻐 날뛰었는데, 오래지 않아 댕강 베어진 것을 보고는 무릎이 꺾였다.

언젠가 그 횡단보도에서 신호를 기다릴 때, 웬 중년 남자가 옆에 와 섰다. 연신 담배 연기를 뿜는 통에 마주보기 싫었지만, 신발 밑창의 흙을 턴답시고 나무줄기를 퍽퍽 차대기에 쳐다보지 않을 수 없었다. 신호가 바뀌려 하자, 그는 손에 든 담배를 방금 차댄 나무줄기에 대고 사납게 비벼 껐다. 채 꺼지지 않은 담뱃불이 떨어진 나무 밑동에 걸쭉하게 침을 뱉는 것도 잊지 않았다. 참혹해진 얼굴로 나무줄기를 쳐다보니 스테이플러로 철한 전단지가 철없이 나부끼고 있었다. 횡단보도를 건너지 못한 채 고개를 떨구다 대신 사죄하는 꼴이 되었다. 그때 발치를 바라보며 서울 사는 나무는 곧 서울 사는 나라는 걸 깨달았다.

마치 더 우위의 생명인 양 나무를 함부로 대하는 살풍경은 하도 허다해 질릴 새도 없다. 굳이 위아래를 매긴다면, 계통의 역사성과 다양성, 개체의 독립성과 자생력 그 무엇도

나무가 인간보다 못할까. 죽어서조차 생태계에 미치는 광대한 이로움은 가히 우주적이기까지 한데 말이다.

　　　나무는 생명이다. 나무木는 목재木材가 아니다. 나무는 봄에 새순을 틔우기 위해 지난해 봄부터 다음 살이를 준비하고, 아름다움을 뻐기려 꽃을 피우는 게 아니라 세대를 이어가기 위해 매개체를 불러들인다. 씨앗을 옮겨줘 고맙다며 다디단 열매를 내어주고, 메마른 겨울이면 나이테를 좁혀 살림을 줄인다. 모든 나무가 이토록 지혜롭고 현명하다. 그에 비해 인간은 개체별로 두루 어리석고, 계통으로 쳐도 나을 것이 없다. 개체 발생은 계통 발생을 반복하는 법이니까.

　　　나무가 인간보다 위대한 생명이라는 것을 깨달으면 무너져가는 인간성이 다소 회복되지 않을까 하는 희망이 흐릿해지는 끈기에 풀을 보탰다. 더불어 내가 떠돌던 서울은 어찌 움트고 성장했는지, 지금은 어떠한 도시인지, 이 부박한 땅에 왜 그 나무의 씨앗이 도착했는지, 어떤 파란을 이기고 저만해졌는지 살피면서 서울과 서울 사는 나무에 대한 정情이 깊어졌다. 이 책이 우리가 밟고 선 땅, 그 땅에 뿌리내린 우리 곁의 큰 생명, 나무를 올려다보는 작은 계기가 되길 바란다. 그리하여 생명과 인간에 대한 마음이 '한 뼘' 넓어지기를.

+

　서울에서 보낸 15년의 역사 속에 늘 함께했으며, 끝내 이 책을 엮어 세상에 내어준 전은정 선배에게 무한히 고맙다. 첫 강의에서 "숲을 배우는 것은 관계를 배우는 것이다"라는 말로 배움의 그릇을 넓혀준 자연변호사 남효창 박사님, 졸고에 흔쾌히 추천사를 써준 소설가 성석제 선생님에게 큰 절 올린다. 나무와 숲을 함께 배운 동무이자 스승이었던 이순정, 이지숙, 고현선 선생님에게는 늘 밥 차려주고 싶은 심정이다.
　타향에서 홀로이 큰 터를 일구어 네 자식을 길러낸, 더 큰 자연 속에 계신 아버지, 어머니와 나의 형제, 가족에게 고맙다. 끝으로 먼 이국으로 떠날 조카 세꿈이에게 하고 싶은 말이 있다. "명심해. 너는 또 하나의 자연이고 우주야!"
　이 땅의 모든 나무와 숲에 이 책을 바친다.

　고마운 마음은 산처럼 쌓이지 않고 깊이 파내려간 자리에 고인다는 걸 이참에 알았다. 마음에 큰 우물이 생겼다.

　2015년 4월
　창덕궁 옆 산책아이 山册兒耳 에서
　장세이

목차

나무는 살아있다, 당신이 살아있듯   13

길가 사는 나무			
아름다움을 주고 멸시를 받다	화동 북촌로5길	| 벚나무 |	22
앞선다고 멀리 가랴	삼청동 북촌로5길	| 칡·오동나무 |	38
이제야 보이나요	소격동 삼청로	| 비술나무 |	52
흰 나무, 검은 나무, 잿빛 꽃	재동 북촌로	| 백송·독일가문비나무 |	64
붉은 집의 푸른 외투	원서동 율곡로	| 담쟁이 |	78
느티나무는 다 기억한다	신문로2가 새문안로	| 느티나무 |	92
개나리 진 날, 봄도 져버렸다	송월동 송월로	| 개나리 |	112
얼룩덜룩하다고 떨쳐버릴 텐가	용산동 이태원로	| 양버즘나무 |	122
봉황은 왜 벽오동에 깃드는가	동숭동 동숭길	| 벽오동 |	134

공원 사는 나무

나 하늘로 돌아갈래	낙산공원	| 가죽나무 |	146
소리 없는 종소리	삼청공원	| 때죽나무 |	156
높은 넋을 기려	선유도공원·서대문독립공원	| 양버들 |	166
제가 뭘 잘못했죠	안산공원	| 아까시나무 |	182
망토를 메고 롤러를 타자	여의도공원	| 피나무 |	194
어떤 이름이 더 어울려요	마로니에공원	| 가시칠엽수 |	206
세월이 다 해명한다	삼청공원	| 귀룽나무 |	218
호숫가의 하늘가 나무	호수공원	| 구상나무 |	232
이제 그만 떠나련다	남산공원	| 소나무 |	244

궁궐 사는 나무

봄은 성대하게, 가을은 찬란하게	경복궁	| 꽃개오동·화살나무 |	258
낭창거리는 앞뜰	경복궁	| 말채나무 |	274
나무는 봄마다 회춘한다	창덕궁	| 회화나무 |	284
그리움, 나날이 익어감	창덕궁	| 감나무 |	296
으쓱한 어깨, 들썩한 궁둥이	창경궁	| 느릅나무 |	310
우리 결혼했어요	창경궁	| 혼인목 |	324
가까이 오지 마시오	덕수궁	| 주엽나무 |	334
나도 엮이기 싫었다고요	덕수궁	| 등나무 |	344
선홍빛 기억, 꽃으로 피어나고	동묘	| 배롱나무 |	354
신들의 정원, 민초의 나무	종묘	| 물박달나무 |	366

화동 북촌로5길   벚나무
삼청동 북촌로5길   칡·오동나무
소격동 삼청로   비술나무
재동 북촌로   백송·독일가문비나무
원서동 율곡로   담쟁이
신문로2가 새문안로   느티나무
송월동 송월로   개나리
용산동 이태원로   양버즘나무
동숭동 동숭길   벽오동

길가ㅡㅡ
사는ㅡㅡ
　　ㅡㅡ나무

아름다움을 주고
멸시를 받다

화동 북촌로5길
벚나무

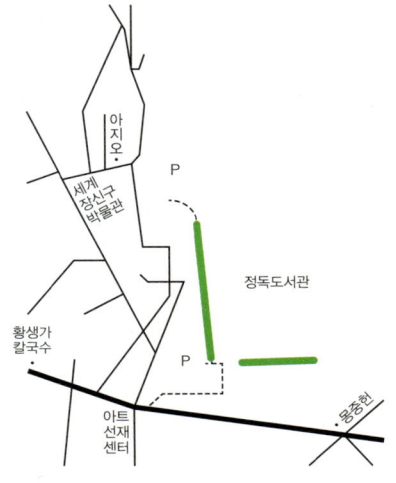

├─ 벚꽃 핀 무릉도원 武陵桃源
─────────────

    평생 가장 많이 본 나무를 꼽으라면 아마도 소나무일 게다. 한반도 삼면의 바닷가 해송 숲, 동네 앞산과 뒷산의 솔숲, 하다못해 서울 남산에서 본 소나무만 해도 수만 그루니 말이다. 소나무가 가장 많이 '보아온' 나무라면 벚나무는 가장 많이 '보러간' 나무다. 벚나무 숲은 잘 없다. 꽃길을 만들려 길가에 심은 경우가 태반이다. 자주 보고 좋아하니 벚나무를 잘 안다고 생각했다. 겉만 봐 놓고 속도 안다고, 게다가 잘 안다고까지 여기는 착각과 오만은 아무래도 '배냇병'인가 보다.

    기억 속 가장 오래된 벚나무는 진해에 있다. 꽃구경의 참맛을 모르는 열 살 소녀에게는 벚나무 아래 노점에서 사먹은 반건조오징어 맛이 더 끈질기게 남아있다. 여의도에서도 마찬가지였다. 찬찬히 꽃 볼 겨를 없이 사진 몇 장 찍고는 떠밀리듯 섬을 떠나왔다. 꽃은 말이 없는데 꽃 보러 온 사람은 온 구멍으로 떠들어댔다. 벚꽃만큼 많은 사람이 모이니 노점도 무수했다. 손택수 시인은 '벚나무 실업률'이라는 시에서 "(전략) 겨우내 직업소개소를 찾아다니던 사람들이 / 벚나무 아래 노점을 차렸습니다 / 솜사탕 번데기 뻥튀기 / 벼라별 것들을 트럭에 다 옮겨싣고 / 여의도광장까지 하얗게 치밀어 오르는 꽃들, / 보다 보다 못해 벚나무들이 나선 것입니다 /

벚나무들이 전국 체인망을 가동시킨 것입니다"라고 노래했다. 시인은 벚꽃의 하얀 살결 너머 자애로운 마음씨에 눈을 맞추는데, 시민은 남은 거라곤 귓전의 소음뿐이라며 '두 번 다시 오나 봐라' 호방한 결의를 다졌다.

　"벚꽃 참 아름답네" 소리가 날숨에 절로 터져 나온 곳은 축제의 거리가 아니라 고요한 정독도서관 앞마당이었다. 개화시기를 비껴 다녔는지 도서관을 드나든 지 10년이 되도록 못 보던 꽃을 지난 봄, 처음 보았다. 그리고 보자마자 황홀경에 빠졌다. 책 없이 빈손으로 사나흘, 꽃 보러 도서관

정독도서관은
봄마다
앞마당 벚나무와
옆뜰의
능수벚나무가
흐드러져
꽃천지가 된다.

화동 북촌로5길

벚나무

길을 오르내렸다. 우유를 섞은 듯 희푸른 하늘을 배경으로
산들바람에 살랑거리는 하얀 꽃무더기는 땅으로 내려앉은
먼 데 구름이었다. 희한한 공간감에 자꾸만 입이 헤 벌어졌다.
지대가 높은 데다 주변에 그늘을 드리우는 건물이 없어
신비로운 분위기가 더했다. 봄의 잠시 잠깐, 도서관 앞마당은
복숭아나무 대신 벚나무 가득한 도원桃園이었다.
　　화동의 정독도서관은 원래 경기고등학교였다.
1927년, 일제강점기에 지어진 이 건물은 당시로서는 최첨단
스팀난방시설을 갖추었다. 1977년 1월, 새로 고쳐 문을
열 당시에는 국내 최대 규모의 도서관이었으며, 지금도
시립도서관 중 가장 큰 규모로 남산도서관을 뒤에 두었다.
게다가 디지털 자료실과 노트북 열람실을 갖춘 최신
도서관이기도 한데, 숱한 손길에 반질반질 윤이 나는 돌난간을
보면 그냥 동네 책방 같다.
　　정독도서관의 오래된 건물과 너른 앞마당은 누구든 넉넉히
품어준다. 동네 어르신은 '밤사이 도서관에 별일 없었나' 살피듯
아침 산책을 하고, 삼청동을 찾은 관광객은 차 대러 왔다가
'여기서 데이트 참 많이 했는데' 추억을 헤집는다.

ㅏ 달구나 곱구나
―――――――

　벚꽃은 모여 있을 때는 화려하지만 송이송이 따로 보면
참 소박하다. 채화綵花, 비단이나 모시, 종이 따위로 만든 꽃로 만든다면
비단보다는 모시로 만들어야 할 꽃이다. 소박이 모여 이룬
화려라 질리지 않는다. 이 '화려미'는 밤에도 시들지 않는다.
그 아름다움에 만취하려 봄밤이면 서촌의 필운대로를 걷는다.
사직공원 옆길로 들어서 통인시장 정자 있는 데까지 500여
미터 길의 가로수는 능수벚나무다. 처진올벚나무라는 본명이
가려질 법하게 늘어진 가지가 딱 능수버들 같다.
　긴 가지에 매달린 벚꽃이 밤바람에 너울거린다.
하늘도 검고 땅도 검으니 흰 꽃은 구슬처럼 빛난다.
주렴이 된 꽃가지가 공중을 간질인다. 사방이 적막해진
한순간, 낙화하던 꽃이 매달린 꽃에 아스라이 부딪힌다.
"오고 가오. 가고 오오. 피는가 하면 지고 지는가 하면
필 것이오. 봄도 꿈도 다 그러하오. 오고 가오. 가고 오오."
주렴의 연주에 노랫말을 붙이는 건 먼저 지는 꽃잎이런가.

봄밤의 꽃핀
벚나무 가지는
진주로 엮은
발이 되어
바람결을 타고
너울거린다.

화동 북촌로5길

검은 밤,
벚꽃은
달빛을
되비쳐
더 빛난다.

벚나무

직박구리는
겨우내 주린
배를 벚꿀로
채우려는지
공중에 화살표
자세로 뜬 채
잘도 먹는다.

나무와 숲을 배우기 시작했을 때, 벚나무 잎자루에 붙은 두 개의 혹을 보고는 화들짝 놀랐다. 미지의 곤충이 낳은 알인가, 아픈 나뭇잎인가 했는데 두 개의 혹은 벚나무 잎의 일부였다. 잎자루나 잎, 또는 둘의 연결 부위 등 위치는 달라도 혹이 없는 나뭇잎은 없었다. 혹은 가운데 살짝 홈이 파인 것이 마른오징어 빨판과 비슷한 모양이다. 도감을 보니 그것이 꿀샘이라 한다. 혀를 대보니 에헤야, 달다. 어찌하여 꽃이 아닌 잎에 꿀이 흐르는가.

이 기발한 꿀샘의 이름은 누구나 맞출 수 있다. 꽃 밖에 있다 하여 꽃밖꿀샘, 화외밀선花外蜜腺이다. 장미과Rosaceae의 벚나무속 식물은 이 꿀샘이 발달한 경우가 많다. 꿀은 벌, 나비가 아니라 개미를 위한 선물이다. 해충이 많이 꼬이는 벚나무는 살기 위해 개미가 필요했고, 꽃 바깥에 샘을 파 꿀을 모았다. 다른 곤충을 공격하는 개미의 성향 때문에 개미가 있으면 다른 곤충이 잘 꼬이지 않는다. 벚나무는 개미에게 단물을 내밀고 개미는 벚나무를 지켜준다. 참 좋은 공정거래다.

잎에 꿀샘을 만드는 지혜로 벚나무는 무사히 여름을 맞고, 버찌를 매단다. 봄날, 벚꽃에 머리를 박고 꿀을 빨던 직박구리는 여름에는 버찌로 배를 채운다. 제가 그 열매 맺게 한 걸 아는지 모르는지 온 동네에 보라색 똥을 싸지르고 다닌다. 그렇게 훗날 머리를 박고 꿀을 빨 벚나무를, 또 멋모르고 심어놓는다.

여름이면
버찌 먹은
새 떼가
온 동네에
보라색 똥을
싸지르고
다닌다.

벚나무는
단풍나무만큼
단풍이 곱다.
벚꽃 명소가
곧 단풍놀이
할 데다.

가을이 깊어졌다. 버찌를 다 내어준 벚나무는 아홉 자식 다 키우고 막내아들 장가들던 날, 기쁨과 설움이 뒤섞인 얼굴로 옷고름 말아 쥐고 춤추는 어미의 심정을 안다. 이제야 살 만한데 기력이 다했다.

아린 마음은 이파리에 스미는지 벚나무는 단풍이 참 곱다. 벚꽃 보러 간 자리가 곧 단풍놀이 할 데다. 제 할 일 다 한 엽록소가 물러가고 카로틴, 안토시안 같은 색소가 활개를 치는 것이 교과서에 나오는 단풍의 원리지만, 샛노란 잎에는 봄날의 설렘을, 새빨간 잎에는 여름의 열기를, 여전히 푸른 잎에는 '나 아직 젊다'는 만추의 저항을 담으려 한 것이 단풍의 진정한 연유일지 모른다.

고백하건대 벚나무를 제대로 모르고 살았다. 이제라고 잘 아는 것도 아니다. 다만 '살아남으려 꿀샘을 만들고, 꽃만큼 단풍이 고운 나무'라는 것만은 확실히 안다. 그러한 벚나무인데, 붉은 해가 떠올라 화가 난다며 베어 없애려는 사람에게 나무는 살아 있는 일장기로 보이는 걸까. 나무는 허락한 적 없는데 마음대로 숭배하고 증오하는 어리석음은 사람만이 행한다. 개미라면 그럴 리 없다. 이토록 치졸한 불공정거래에도 벚나무는 다시 꽃을 피운다. 아름다움을 주고 멸시를 받는데도, 다시 거래하자고 든다. ✳

구름을 연모한 벚나무 가지
　　　　　하늘 향해 아스라이 손을 뻗네
　　그 마음 하도 지극하여
　　　꽃잎이 구름 빛깔 되었네

앞선다고 멀리 가랴

삼청동 북촌로5길
칡 · 오동나무

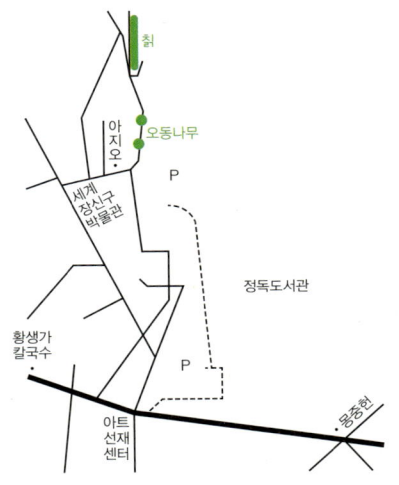

├ 난장亂場이 된 동네

　　2002년, 월드컵으로 한반도의 지축이 울릴 때도 삼청동은 침착했다. 통상 경복궁의 옛 망루, 동십자각에서 삼청공원 후문에까지 이르는 2킬로미터 길을 따르면 만나지는 삼청동은 삼청동, 팔판동, 안국동, 소격동, 화동, 사간동, 송현동 등의 법정동으로 이루어진다. 산과 물, 사람, 이 셋이 맑다 하여 붙여진 삼청동三淸洞이라는 이름의 유래는 여덟 판서가 났다는 팔판동八判洞이나 소격서와 사간원이 있던 자리라고 소격동昭格洞, 사간동司諫洞이 된 사연만큼이나 정겹다. 사대문 안에 이런 동네가 남아있는 게 신기하도록 예스럽고 아늑했다.

　　당시 만들던 한 잡지에 삼청동을 소개했다. 그때만 해도 유행과 동떨어진 삼청동을 다룬 기사는 드물었다. 맑은 것 세 가지 말고 없는 것 세 가지를 보태었다. 신호등과 엘리베이터와 정기 노선버스가 없으니 삼무동三無洞이라 해도 온당하다 했던가. 인적이 드물고 오가는 차량도 별로 없는 삼청동의 왕복 2차선 도로에 신호등은 고장난 시계와 같았다. 높은 빌딩이 없으니 엘리베이터가 없는 것 또한 당연지사. 머무는 이도 드나드는 이도 적으니 여남은 명 앉아 가는 마을버스면 족했다. 버스 기사가 승객이 탈 때마다 오늘의 행선지와 지병의 차도를 묻는 풍경을 보고 있자면 경복궁, 청와대와 이웃하느라 놓쳐버린 시간감각이 복되게 여겨졌다.

    그 후로 10여 년, 삼청동은 앞장서고 북적이는 동네가 되어버렸다. 삼청동에만 있던 것은 사라지고 어디에나 있는 것이 삼청동에 들어왔다. 언제고 저고리 한 벌 지어 입고 싶었던 한복집과 고물을 얼기설기 엮어 만든 재즈 바, 동네를 밝히던 작은 화원과 정겨움을 기워내던 누비집이 사라졌다. 뒷길에서 구멍가게 하다 더 안쪽에 식당을 차린 한 토박이는 웃돈 받고 집을 판 이웃이 그때보다 몇 곱절은 높아진 집값에 돌아올 엄두를 못 낸다며 허탈히 웃었다. 동네 사람 다 떠나고 관광객이 몰려오자, 기민한 거대 자본은 소상인의 엉덩이를 밀쳐내고 안방을 꿰찼다. 지금 삼청동 길가에는 플래그십 스토어와 체인점이 즐비하고, 자고 나면 새 간판이 내걸린다. 도로는 주말마다 체증에 시달리고, 인도는 넓힌다고 넓혀도 인파로 출렁인다. 손잡고 나란히 걷는 연인은 저들만 좋지, 욕 듣기 딱 좋게 길은 미어터진다. 이제 삼청동은 유행, 인파, 소음이 넘치는 삼다동三多洞이라 불러 마땅하다.

복이 고인다는 우물, 복정福井. 그 너머 너른 담장 가득 칡이 살러 들어왔다. 월세 비싼 삼청동에 겁도 없이 공空으로 살러 들어왔다.

깎아지른 담벼락에 칡이 가득하다. '수직의 숲'은 잿빛 돌담을 푸른 잎과 고운 꽃으로 뒤덮었다.

├ 동네를 닮은 칡

앞서 가는 삼청동에 고고한 정취를 더하던 은행나무 가로수는 양장에 비녀 격이다. 사람 설 자리도 좁아진 터에 울창한 나무는 거추장스럽다. 이런 중에 조용히 두 나무가 삼청동에 살러 들어왔다. 치솟는 월세를 면하려는지 자리를 튼 데는 깎아지른 담벼락. 번다한 삼청로 말고 정독도서관에서 삼청공원을 잇는 북촌로5길 주택가 소로에 면한 자리. 차도 인도 구별 없이 한길로 돼 있고, 삼청로보다 고도가 높아 전망이 나은 길이다. 길이 시작되는 지점, 화동 면적의 거의 절반을 차지하는 정독도서관 담장은 300여 미터 길이로 길게 이어지는데, 새 거주자들은 그 끄트머리에 산다.

먼저 들어온 건 칡이다. 정독도서관 담벼락을 따르다 코리아목욕탕이 있는 아랫길로 들어서면 과거 궁중에서 길어 먹던 우물이 나온다. 삼청동 이름의 유래에 어울리게 맑은 물이 고이는 우물, 복을 불러온다는 복정福井이다. 2011년 되살아난 우물에는 가문 날도 물이 고인다. 우물이 되살아나자

칡꽃 향에는
자태의
아름다움이
고스란히
배어있다.

칡잎은 세 개의
작은 잎으로
이루어진
삼출엽三出葉이다.

여름이면 칡넝쿨이 온 산을 뒤덮는다. '하루에 한 길 자라는 덩굴'답게 급히 자란다.

우물 위 담벼락에는 칡덩굴이 자라났다. 땅이 비옥하고 볕이 잘 들면 하루에도 한 길은 자란다더니 스리슬쩍 들어온 칡은 어느새 큰 담벼락을 다 덮었다. 툭하면 옛것 헐고 새것 들이는 삼청동에 딱 어울리는 생장 속도다.

  덩굴식물은 대개 생장력이 뛰어나지만 칡은 그중에서도 월등하다. 오죽하면 '칡도 끝이 있다'고 할까. 이런들 저런들 '드렁칡'은 얽혀서 잘 산다. 사람은 또 굳이 얽힌 칡을 풀어 오만 데 쓴다. 뿌리, 줄기, 꽃 다 먹는다. 가축으로 치면 소와 진배없다. 칡뿌리, 갈근葛根은 전분이 많아 없이 살던 시절을 버티게 한 구황작물이었고, 지금은 갈분葛粉으로 국수나 냉면, 차와 엿을 만들어 먹는다. 줄기로는 짚으로 만든 새끼줄 대용으로 갖가지 생활용품을 만들고 건축자재로도

쓴다. 또 갈포葛布라는 천을 짜 옷도 해 입었다. 갈근만큼이나 만병을 다스리는 칡꽃, 갈화葛花는 어여쁘고 향기롭다. '네가 진정 칡꽃이냐' 묻다가 향기를 맡고선 반해버린 기억이 난다. 이 향을 영영 기억하리라, 인중에라도 담아가리라, 맡고 또 맡았다. 갈화는 그야말로 재색을 겸비한 꽃이다.

    쓸 데도 많고 꽃조차 아리땁지만 칡은 마냥 이롭지만은 않다. 저 살자고 남 죽인다. 산 나무에 올라타 빛을 가린다. 방심한 사이 걷잡을 수 없이 자란다. 들이기는 쉬워도 내쫓기는 어렵다. 그래도 벽이니 괜찮겠지. 웬걸, 그 많던 칡이 하룻밤 사이 죄 사라졌다. 그러게 삼청동에서 공空으로 살려 한 게 잘못이다. 사람이 저 안 쓴다고 남 줄 리 있나.

담벼락을
가득 메웠던
칡이 말끔히
사라졌다. 줄기를
모조리 잃은
뿌리는 얼마나
허허로울까.

정독도서관
서쪽 담장,
갈라진 벽 틈에
오동나무가
살러 들어왔다.
칡 보고
배웠는지
공ⓗ으로 살러
들어왔지만
칡 신세 되기
싫어 손 닿지
않는 높은 데
움텄다.

├   끝끝내   살아남으리

     칡과 지근거리에 오동나무 형제가 산다. 직각에 가까운 가파른 담벼락, 견고한 돌 틈에서 줄기를 내고 잎을 틔운 것이 볼수록 기차다. 자세히 보니 널돌과 널돌 사이 어딘가, 딱 씨앗 한 알 내려앉을 데가 있다. 하늘 향해 사선으로 뻗어가다 해 더 맞으려 줄기를 수직으로 꺾어 올린 올곧은 생명력은 거룩하기까지 하다. 각박한 땅에서 홀로 치렀을 고초를 떠올리니 어미 대신 눈물겹다.
     '오동나무 보고 춤춘다'는 속담이 있는데, 가야금은 아직 만들지도 않았는데 오동나무만 보고도 춤부터 추는 마른 성미를 빗댄 말이다. 정작 이 속담에 딱 어울리는 성미를 가진 것이 오동나무다. 우리나라에 사는 나무 중에서 가장 잎이 큰 축에 속하는 오동나무는 놀부네서 자라든 흥부네서 자라든 덮어놓고 잘 자란다. 반항할 겨를 없이 10대 때 혼례 치르고 제 살림 차리러 집 떠나던 시절, '아비는 사내아이가 태어나면 소나무를, 계집아이가 태어나면 오동나무를 심는다'고 한다. 소나무로는 관을 짜고, 오동나무로는 장롱이나 궤짝을 짜기 위해서다. 오동나무는 10년이면 가구를 짤 만큼 크게 자라는 속성수速成樹다. 한데 단시간에 크게 자라니 줄기 속이 찰 리가 없으니 말이 그렇지, 뜻이 그런 건 아닐지도 모른다.

오동나무는
한 계절에도
크게 자라는
속성수速成樹다.

삼청동 북촌로5길

취 · 오동나무

겨울이면 가지 끝, 열매 자루로 오동나무를 알아볼 수 있다.

원추圓錐 모양의 열매는 만신의 방울 같다.

49

잘 자란
오동나무
잎은 한여름
홑이불 대신
덮을 만큼
크고 부드럽다.

오동나무의 어린 나뭇잎은 길이가 석 자까지도 자란다. 하니 어미는 평상에서 잠든 아이에게 오동나무 잎을 따다 덮어준다. 물을 듬뿍 머금은 큰 잎은 들뜨지 않고 착 달라붙어 홑이불 같다. 게다가 특유의 향이 나 벌레가 꾀지 않으니 그만한 '오가닉 아웃도어 시트'가 어디 있으랴.

돌 위에서 자라는 오동나무를 두고 석상오동石上梧桐이라 한다. 그리 치면 삼청동 담벼락의 오동은 석중오동石中梧桐이다. 양쪽에 골이 파진 쌍골죽雙骨竹이 최상의 대금 재료이듯 목질이 치밀하고 단단한 석상오동은 가야금과 거문고 재료로 으뜸이다. 아마도 석상오동처럼 맑고도 깊은 소리를 가졌을 석중오동 형제는 삼청동의 오래지 않은 내면과 오늘의 위태로운 외연을 되비친다. 제 운명을 개척하려 죽을 둥 살 둥 용을 쓰는 오동나무와 달리 변질된 제 모습을 넋 없이 받아들이는 삼청동은 개탄스럽다. 어쩌면 석중오동 형제는 '고유함과 절개를 지키라'는 자연의 사신일지도 모른다. 하면 그들이 뿌리 내린 지점은 깎아지른 담벼락이 아니라, 삼청동이 더는 제 형질을 잃어선 안 될 '시점時點'이다. ✳

이제야 보이나요

소격동 삼청로
비술나무

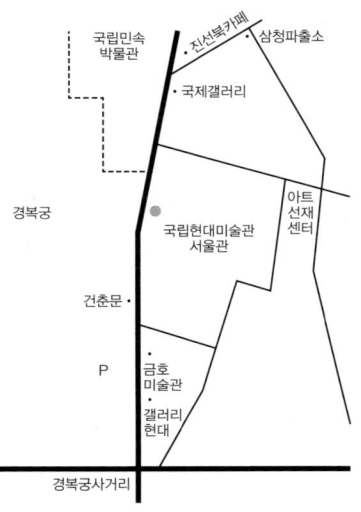

├ 무엇을 숨기려 했는가
─────────────────────

　동십자각에서 삼청터널에 이르는 삼청로는 구간마다 분위기가 다르다. 남쪽에서 북쪽으로 올라가면서 가장 먼저 나오는, 동십자각에서 청와대 가는 길로 갈라지는 삼거리에 이르는 구간은 경복궁 동쪽 담장을 따르는 길답게 찻길이나 인도나 널찍하다. 일자로 쭉 뻗어있어 시원한 감이 더하다. 삼거리에서 삼청테니스장까지 이어지는 두 번째 구간의 왕복 2차선 도로 양옆에는 각종 가게가 연이어진다. 흔히 말하는 '삼청동길'이다. 아침이면 참새소리 청명하지만 한낮이면 관광객이 몰려들어 매일이 장날 같고, 주말이면 '육이오 때 난리는 난리도 아니다'는 아우성이 터져 나온다. 길 끝, 삼청테니스장에서 삼청터널 사이에는 인도도 없고 가게도 없다. 숲과 길만 있다. 나무 터널이 끝나고 콘크리트 터널을 지나면 짜잔, 성북동이다. 아름다우나 나란히 걸을 수 없어 늘 아련한 길이다.
　삼청로를 처음 걸었을 때, 경복궁 담장을 바라보며 모로 걷다 자빠질 뻔했었다. 궁궐이 없는 부산에서 온 처자는 낯설고 장대한 풍경에 전생을 들먹이며 들떴었다. 망루였던 동십자각은 비록 지킬 것을 잃어 처량한 신세였지만 그 나름의 품위로 고고했다. 길의 한쪽을 차지한 궁 담은 거칠어도

경복궁의 망루였던 동십자각은 환상교차로의 구심점, 애처로운 도심의 섬이 되었다.

따스했고, 잿빛이어도 환했다. 궁과 마주한 자리의 화랑은 궁에 비해 그 수나 규모가 턱없이 작아 문화적, 역사적 중량감이 궁궐 쪽으로 확 기울어 있어 고개를 갸웃거린 기억도 난다. 그래도 그 길에 고인 뭉근한 기운만은 참 푸근했다.
    화랑을 지나 조금 더 북쪽을 향하니 사정이 급히 달라졌다. 화랑 옆 담장 높은 건물 앞의 공기는 겨울밤 꺼내 놓은 칼날처럼 차가웠다. 같은 하늘인데 분명 더 낮아 보였다. 담장의 양 끄트머리를 오가던 보초병은 담장 가까이 다가가거나 담장 쪽으로 사진기를 들이대는 행인을 향해 호각을 불고는 이내 달려가 엄중한 목소리로 제지했다. "물러서십시오. 찍으면 안 됩니다." 이미 사진을 찍었다 싶으면 보는 데서 지우게 했다. 영역을 지키려는 자의 눈빛과 음성에는 우월감과 분노가 섞여있었다. '여기가 어딘 줄 알고. 꺼져!'라는 보초병의 진심은 며칠 뒤 높은 호각소리와 함께 상기되었다. 누구로부터 무엇을 지키는지, 지키는 자조차 분명히 알지 못하는 눈빛이지만 침범했다간 칼에 베일 것만은 분명했다. 현판도 없이 담장 높은 그곳이 악명 높은 국군기무사령부라는

것은 담장이 허물어진 뒤에야 알았다. 군사정권이 이어지는
동안 기무사는 내내 두려울 것도 거칠 것도 없는, 간판 없이도
보는 사람 움찔하게 만드는 최고最高의, 그리고 최고最품의
권력기관이었다.

⊢ 벽이 헐리니 길이 열리네

　　기무사 터는 고려시대의 소격서, 조선시대의 사간원과
규장각, 종친부 자리였다. 이후 경성제국대학 의학부 부속병원,
서울대학교 의대 제2부속병원, 국군수도병원 등 의료기관으로
쓰였다. 그러다 1971년 국군보안사령부, 약칭 보안사가
들어섰다. 보안사는 후에 국군기무사령부로 이름을 바꾸는데,
기무機務는 '밖으로 드러나지 않게 비밀을 지켜야 할 중요한
일'이라는 뜻이다. 구한말의 관아, 통리기무아문統理機務衙門에도
같은 말이 쓰였으나 분명 뜻한 바는 달랐을 것이다. '보안,
방첩, 첩보'라는 명분을 내세운 군사정권의 군수사정보기관은
드러나지 않아 더 두려웠다. 무자비한 시절, 무소불위의 권력은
보이지 않으니 피할 길 없고, 스치기만 해도 피범벅이 되는
서슬 퍼런 칼이었다.

2008년, 37년 동안 소격동을 짓누르던 기무사가
과천으로 옮겨갔다. 여러 논의 끝에 옛 기무사 터에는
국립현대미술관 서울관을 들이기로 했다. 군홧발의 공간을
공공의 장소로 변모시키려는 시도는 획기적이었다. 새로운
시작을 알리려 몇몇 전시가 잇달아 열렸는데 그중 '신호탄
전'을 보러 간 날, 처음 본 적벽돌 건물의 낯선 민낯을 잊을 수
없다. 높은 벽과 성난 보초병이 사라졌는데도, 무고할수록
무자비했던 시절을 알기에 적벽돌은 핏빛으로 비치었다. 짐짓
평온한 척했지만 어디론가 끌려가 고초를 치를 것만 같은
공포에 심장은 뛰고 발길은 주춤거렸다.

 제 속에서 일어난 일이 저도 버거운지 건물은 지친
기색이었다. 내장 없이 거죽만 멀쩡한 박제동물.
시월의 한낮인데도 천지의 원통하고 불운한 기운이
죄 몰려든 듯 건물 안은 어둡고 차고 습했다. 전시장으로
쓰려면 한동안 햇볕에 바짝 말려야 할 것 같았다. 실내가
답답하던 차, 설치작가 최정화의 '총, 균, 쇠 2009'를
보러 옥상으로 올라갔다. 주재료인 플라스틱 바구니는
무당의 옷자락에서 뽑아낸 듯 선명한 원색이었다. 오래
군복을 입고 있던 건물에 견장 대신 색색의 소쿠리가
얹혔다. 반구 모양의 흔한 소쿠리는 맞붙어 '키치'한

종친부,
기무사,
새 건물이
나란한
국립현대미술관
서울관은
조선과 근현대가
망라된
역사적 풍모를
갖추었다.

빛깔의 특별한 구(球), 예술의 굿판이 펼쳐지리라 말하는 만신의 방울이 되었다. 소쿠리의 변신은 이 건물의 내일을 예견하는 듯했다. 바람이 불자, 바구니가 일제히 들썩거렸다. 한 시대의 종말과 새 시대의 개막에 어울리는 화려하나 소박한 굿판이 벌어졌다.

　　전시가 끝나고 건물에 또 다시 높은 가림막이 세워졌다. 그로부터 3년 만인 2013년 드디어 국립현대미술관 서울관이 문을 열었다. 새 미술관은 궁궐로 쏠린 무게 중심을 나누어 가질 만했다. 서울 한 중심에 위치한 데다 여덟 개의 전시실을 갖춘, 과천관보다 큰 5만여 제곱미터가 넘는 대형 미술관이었다. 궁궐 전각보다 높지 않은 지상 3층의 낮고 넓은 새 건물, 옛 기무사 건물, 조선시대 종친부 건물이 함께해 문화성에 역사성까지 갖추었다. 궁궐의 전각과 전각 사이가 빈 공간이듯 여섯 개의 빈 마당을 품은 미술관은 담장 없이 여러 길과 연결되었다. 아무나 드나들지 못한 공간은 누구나 드나드는 공간으로 새날을 맞았다.

공중으로 새가 들고
　　　　지상으로 네가 드니
내가 곧 평화요,
　　　　자유로구나

├ 비로소 봄! 봄! 봄!

    큰 변화 속에 삼청로와 연결되는 '열린 마당'의 비술나무 세 그루도 확연해졌다. 기무사가 있던 시절에는 담장에 가려 못 보고 담장이 무너지고도 불신의 벽에 가려 보지 못한 나무, 수령의 사분지 일을 같은 땅에 살고도 처음 보는 나무였다. 그래서인지 150년 된 나무인데도 갓난아이처럼 싱그럽다.

    비술나무는 잎과 꽃, 열매가 같은 느릅나무과 Ulmaceae 의 참느릅나무와 비슷해 언뜻 보면 헷갈린다. 잎과 꽃, 열매 다 진 겨울에야 비술나무만의 특색이 도드라진다. 오래된 비술나무 줄기에는 흰 띠가 나타나곤 하는데, 마치 막걸리를 통째 부은 것처럼 선명하며, 넓고 길다. 사철 하야니 '나무만년설'이라 해도 좋겠다 싶은데, 다섯 살 조카는 엘사의 마법으로 생긴 "안나의 흰머리 같다"며 까르르 웃었다.

    비술나무의 또 다른 특징은 가지 끝에 있다. 맨 처음 비술나무를 마주한 때, 이름도 낯설고 모습도 영 익지 않아 망연히 치어다보는데 한 숲 동무가 구수한 사투리로 길을 잡아주었다. "비술나무는 가지 끝을 봐야 혀. 꼭 내려갈 것 같다가 마지막에 팍 올라가자녀." 순간, 나무 이름에는 좀체 쓰이지 않는 '술'이라는 글자에 조명이 비치고, 오래된 영사기가 돌아갔다.

소격동 삼청로

비술나무는
끝부분이
하늘 향해
꺾여 오르는
가지 끝과
줄기 한가운데
흰 줄무늬로
겨울에 더
선연하다.

김씨네 술도가에서 막걸리 받아오라는 아버지 말에 입이 댓 발
나온 아이는 손에 쥔 자치기 나무토막을 주머니에 찔러 넣고
터덜터덜 대문 밖을 나선다. 외상으로 양은주전자 한가득 막걸리
받아오는 길, 어느새 노을이 깔렸다. 오늘따라 집으로 가는 길은
멀기만 하고 주전자는 유난히 무겁다. '이놈의 술이 대체 뭐길래.'
아이는 멈추어 서 주전자 귀때에 입을 대고 난생 처음 막걸리를
한 모금 들이키고는 시큼털털한 맛에 인상을 구긴다. 이내
이 달달한 끝맛은 무엇인고, 하며 입술에 남은 막걸리를 날름 닦아
먹고는 배시시 웃는다. 아쉬운 마음에 한 입 더, 즐거운 마음에
한 입 더, 주전자는 가벼워지고 기분은 좋아진다. 괜히 웃음이 나고
절로 노래가 흘러나온다. 집이 가까워지는데도 대책 없이 헤실헤실
웃음이 난다.
에라, 모르겠다. 마지막 남은 막걸리까지 마저 털어먹으려는데
주전자 뚜껑이 확 열리면서 얼마 남지 않은 막걸리가 앞섶을
적신다. 검은 저고리에 흰 술 자국이 선연하다. 대문에
들어서자마자 아버지 호통소리에 지축이 흔들리고, 휘청이던
아이는 그제야 눈을 바로 뜬다. 얼핏 산 너머 달아나는 술기운이
보인다. 부엌에서 저녁상 들고 나오던 어머니, 추운 날 술 받아오란
남편이 원망스럽고 취한 채 무릎 꿇고 벌서는 아들 처지가 딱해
슬그머니 팔을 내려주고 동치미 국물 한 사발 먹인다. 딸꾹질하며
품을 파고드는 아이를 보며 어머니, 피식 웃고 만다. 마당의
비술나무, 차르르 차르르 따라 웃는다.

봄이 되면 아이가 한 뼘 더 자라듯 비술나무에도 자잘한
새 이파리가 달린다. 작고 푸른 이파리에는 신록新綠, 곧
새 푸른빛이 비친다. 국립현대미술관 서울관의 새해 첫 전시
작품은 이미 정해졌다. 작품명 '봄, 비술나무, 2015' ✳

큰 키에
어울리지 않게
이파리가 작은
비술나무는
가지도 참
가느스름하다.

흰 나무 검은 나무 잿빛 꽃

재동 북촌로
백송 · 독일가문비나무

ㅏ 헌법, 헌법

'대한민국은 민주공화국이다'로 시작하는 헌법은 대한민국의 입법권은 국회에, 행정권은 정부에, 사법권은 법원에 속한다고 천명한다. 모든 법의 가장 위에 있는 헌법은 입법권, 행정권, 사법권 그 어느 쪽에도 권력이 치우치지 않고 독립적으로 작용하도록 국회, 대통령, 법원과 동등한 권력의 국가 최고기관을 두고 입법부, 행정부, 사법부에서 정한 아홉 명의 재판관이 지키도록 했다. 이름에 하는 일이 대번 드러나는 헌법재판소(이하 헌재)는 헌법을 심판한다.

위헌법률심판, 탄핵심판, 정당해산심판, 권한쟁의심판, 헌법소원심판 등 다채로운 심판을 하며, 헌재에서 한 번 결정하면 모든 국가기관과 지방자치단체가 따라야 한다. 만약 재판관 중 6명 이상 찬성하면 위헌 결정이 나고 그 법률은 효력을 잃어 적용이 금지된다. '헌재가 결정하면 더는 다툴 수 없다'는 데에서 작은 헌재의 강력한 권위가 느껴진다.

2004년 3월 12일 역사상 최초로 현직 대통령 탄핵사태가 벌어졌다. 두 달 후, '사건-2004헌나1호 대통령 탄핵, 청구인-국회, 피청구인-대통령 노무현'으로 시작하는 결정문에는 단 한 줄의 주문主文이 적혀있었다. '이 사건 심판청구를 기각한다.' 전국에 생중계된 헌재의

탄핵심판과 결정 선고 즉시 전前 대통령이 될 뻔한 노무현은
대통령으로 복귀했다. 탄핵 기각을 포함해 '헌법재판소의 주요
결정 25선'에는 유신 헌법 시절 대통령 긴급조치 위헌, 국회
법률안 날치기 통과 위헌, 친일 재산 몰수 규정 합헌, 호주제
헌법불합치, 동성동본 결혼금지 헌법불합치 등이 들어간다.
헌법불합치는 해당 법률이 사실상 위헌이지만 바로 무효화하면
사회적 혼란이 일어날 수 있어 개정할 때까지 한시적으로
그 법을 존속시키는 결정이다. 헌법불합치를 포함해 한정합헌,
한정위헌, 일부위헌, 입법촉구 등 다섯 가지 변형결정이 있다.
위헌도 합헌도 아닌 판정이다.
　2014년 12월 19일, 다시 한 번 초유의 사태가 벌어졌다.
헌정 사상 최초로 정당 해산 판결이 났다. 누구는 좋아서
땅을 박차 오르고, 누구는 억울하다며 찬 바닥에 주저앉았다.
웅장한 석조 건물조차 들썩이는데, 그 곁의 하얀 백송과 검은
독일가문비나무는 꼿꼿하게 그 광경을 방청했다.

헌법재판소에는
600살 된
백송이 산다.
우리나라 사는
백송 중 맏이다.

├ 600년을 버티게 한 욕망, 무욕無慾

　헌재가 들어선 재동은 예전에 잿골이라 불렸다.
수양대군이 계유정난을 일으켜 수많은 이를 죽여 온 동네가
피바다가 되자 이를 덮으려 재를 뿌렸다고 잿골이 되었다.
너른 헌재 터는 연암 박지원의 손자이자 조선 말기에 근대화를
주장한 박규수와 그의 제자 홍영식의 집터가 나란했던 자리다.
우리나라 최초의 서양식 병원, 제중원이 세워졌다가 그 후
경기여고, 창덕여고가 차례대로 들어섰다. 1993년, 을지로에

재동 북촌로

백송 · 독일가문비나무

나무껍질
조각이
벗겨진 자리가
하얗게 얼룩져
백송白松이라
부른다.

있던 헌재가 이 터에 '신고전주의 석조 건물'을 새로 지어 이사
오면서 기나긴 용도 변경의 역사도 일단락되었다.
　돌집은 크고 웅장하지만 위압적이기도 하다. 부딪히면
아프게 생겨 수년을 그 곁에 살면서도 들어갈 엄두를 못 냈다.
법원이나 경찰서처럼 멀리하는 게 상책이려니 하면서
한국은행처럼 적당히 궁금해 했다. 그러다 건물 정면 상단에
양각한, 아홉 명의 재판관을 상징하는 아홉 송이 무궁화 말고도
무려 1만여 그루의 나무가 산다는 걸 알고는 편의점 들르듯
가벼운 발걸음으로 들르곤 한다. 건물 안만 헌재지, 그 밖은
'재동식물원'이다. 1만6000제곱미터 너른 땅의 삼분지 일
면적에 식물이 자란다. 교목喬木, 큰키나무과 관목灌木, 떨기나무
40여 종이 살고, 2008년 조성한 3000제곱미터가 채
안 되는 옥상정원에도 30여 종 7000여 그루의 나무가 산다.

재동식물원의 숱한 식물 중에서 언젠가부터 두 나무에
시선을 앗겼다. 하나는 희고 하나는 검다. 흰 나무는
천연기념물 제8호 백송이다. 잎은 여느 소나무처럼 푸르고
세 갈래로 갈라지며, 나무껍질이 벗겨지고 남은 자리의
줄기가 하얘 백송이라 한다. 영어로도 'White Pine'이 아니라
'Lacebark Pine'이라 한다. 흰빛을 좋아하는 한민족은 백송을
귀히 여겼다. 번식력이 약해 그 수가 적어 더 귀히 여겼다.
헌재 백송과 함께 인근 조계사 경내의 백송제9호, 고양시
송포동 백송제60호, 예산군 용궁리 백송제106호, 이천시 신대리
백송제253호 등 모두 다섯 그루의 백송이 천연기념물로 지정돼
보호 받는다.

　한국에 사는 백송 중 최고령인 헌재 백송은 600년 세월을
펼쳐놓으려는지 두 개의 굵은 줄기가 양옆으로 길게 뻗어있다.
높은 지대에 선 데다 높이가 14미터에 이르러 하염없이
올려 보게 된다. 중국 사신을 따라왔다가 홀로 남은 지
600년, 백송은 욕망이 클수록 퇴락의 자취도 크다는 것을
깨달았으리라. 당랑거철螳螂拒轍, 제 역량을 생각하지 않고 강한 상대나
되지 않을 일에 덤벼드는 무모한 행동거지를 비유적으로 이르는 말의 가르침을
되새겨 부질없는 마음을 다스리며 머리카락 세듯 하얘진
세월을 발 아래 인간이 어찌 알까.

　사람 따라 권력도 사라진 자리, 남은 건 바람 없는
백송뿐이다. 기운이 다해 가는 백송 아래에는 아직 줄기가 파란
후계목 여러 그루가 자란다. 무욕을 유전 받아 헌재가 사라진
그날에도 너끈히 살아남아야 할 텐데.

아무리 햇빛 비추인들
　　　　나는 타들어가지 않는다
　　하얗게 기억을 지울 뿐

헌법재판소
백송처럼
조계사 백송도
1962년
천연기념물로
지정되었다.

창경궁
백송은
두 나무
따라 가려면
아직 한참
멀었다.

├ 세상이 어디 흑백뿐이던가
───────────────

한가한 날이면 헌재 둘레를 휘휘 돌아 걷는다. 운 좋으면 독일가문비나무 솔방울을 주울 수 있어서다. "뭔데 그래요?" 묻는 행인에게 이 솔방울이 뻐꾸기시계에 매달린 그 추라고 일러주면 하나 같이 단전에서 끌어올린 깨달음의 소리를 낸다. 독일가문비나무 솔방울은 흔히 보는 소나무 솔방울과 달리 나무의 정상부에만 주로 달려 영접하기가 어렵다. 떨어져야 겨우 거둘 수 있는데, 헌재 안쪽은 제꺼덕 청소해 울타리 밖의 것이나 주워야 한다. 딱히 쓰임이 있는 건 아닌데도 자꾸 줍는다. 얇은 실편實片, 솔방울의 비늘 모양 조각이 조밀하고, 전체적으로 길고 날렵해 바구니에 담기만 해도 멋스러운데, 주차하는 차량에 치이고 행인의 발길에 차이는 걸 보면 괜스레 마음이 너덜거려 구제하듯 그러모은다.

헌재의 울타리 안쪽에는 독일가문비나무 열다섯 그루가 빙 둘러 서있다. 현재 헌재의 조경을 맡고 있는 심태섭 선생님에 따르면 공공건물에는 의무적으로 심어야 할 교목과 관목, 활엽수와 침엽수 비율이 정해져있는데, 처음 이사 올 무렵 산림청에서 추천한 침엽수가 주목, 구상나무, 독일가문비나무였고, 당시 조경 담당자가 독일가문비나무를 골라 심었다고 한다. 울타리가 낮아 행여 헌재 인근 주민들이 불편을 겪을까 개중 빨리 자라 담장 역할을 할 나무를 고른 것이다.

뻐꾸기시계의
추 모양은
바로
독일가문비나무
솔방울에서
따온 것이다.

독일가문비나무는
담장 낮은
헌법재판소의
높은 울타리
역할을 한다.

노르웨이 원산의 독일가문비나무는 패망한 독일에서 인공으로 식재하여 독일 부흥의 기반이 되었다. 높은 데, 추운 데 사는 가문비나무와 달리 독일가문비나무는 도심에서도 잘 자란다. 나무껍질이 검어 '검은피나무黑皮木'로 부르다 가문비나무가 되었듯이, 독일가문비나무도 숲을 이루면 한낮에도 어두울 정도로 검어 흑림黑林이라 부른다.

그러고 보니 헌재를 대표하는 두 나무는 헌재가 하는 일처럼 색이 극명하게 대비된다. 하나는 희고 하나는 검다. 헌재는 법의 생명을 판결한다. 흑백은 '옳고 그름'을 상징한다. 하나 언제나 흑이 불의고 백이 정의는 아니다. 잿빛 세상에서는 정의와 불의의 경계도 흐려진다. 정의가 달라지는데 법이 어찌 절대적일까. 2013년, 1인 시위자를 위한 이동식 햇빛 가리개를 설치해 사회적 약자를 배려하고 국민의 인권을 존중했다며 미담을 전파한 헌재가 같은 해 청사 건물의 청소용역 도급계약을 체결하면서 헌법에 보장된 최저임금법을 위반해 파문을 일으켰다. 심판자조차 합치와 위배를 오가는 것, 그것이 법이다.

헌재 둘레를 걸으며 독일가문비나무 솔방울을 줍고, 뜰에 들어가 백송을 우러른다. 돌아 나오는 길, 아홉 송이 무궁화를 세어본다. 그러고 보니 양각된 무궁화는 회색, 잿빛이다. ✶

재동 북촌로

백송 · 독일가문비나무

좋은 법은
새 법일까,
'없는 법'일까.
무결한
독일가문비나무
새순이
물어온다.

붉은 집의
푸른 외투

―
|
|
―

원서동 율곡로
담쟁이

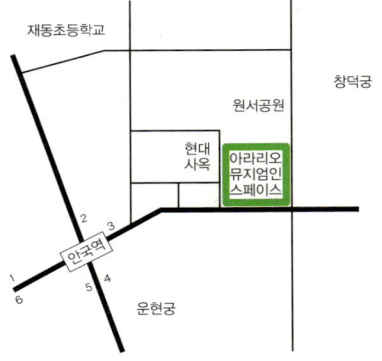

├   대지에   이어진   집

　'제품product에 대한 관심이 제작자producer에게로 옮겨가지
못한다'며 개탄하던 때가 있었다. 그러다 평소 좋아한 건물
여럿을 모두 한 사람이 설계했다는 걸 알고서는 언제라도 개품
잡지 말자 다짐했다. 애써 찾지 않아도 절로 드나든 곳이 많아
몰라봤다는 건 비겁한 변명일 뿐이다. 혜화동의 샘터사옥,
재동의 공간사옥, 장충동의 경동교회는 행여 지나치면
되돌아가 올려다보던 건물이다. 나무처럼 한 자리에 붙박인
건물이지만 늘 다른 표정을 지어 볼 적마다 새록새록했다. 들뜬
혜화동을 땅으로 내려앉히는 아르코예술극장과 아르코미술관,
동서로 흐르는 종로와 을지로를 남북으로 가로지르는
세운상가, 반백 년 된 남산자유센터와 잠실 강변에 착륙한
서울올림픽주경기장까지, 서울 시민이라면 한번쯤은 머물렀을
여러 공간은 모두 건축가 김수근의 작품이다.
　아르코예술극장과 아르코미술관, 공간사옥과 경동교회에서
보듯 김수근은 붉은 벽돌을 아꼈다. 적벽돌 건물은 분명 낱개의
벽돌을 차곡차곡 쌓아올린 것일 텐데 높은 데서 통째 내려앉은
느낌이 아름드리나무를 볼 때와 비슷하다. 씨앗이 움터 싹을
틔우고 여린 줄기를 키워 더 여린 가지를 내고, 잎과 열매를
맺어 한 해를 살고 그렇게 수십 년, 수백 년을 관통해 지금에

옛 공간사옥은
계절마다
담쟁이로 지은
새 빔을 입는다.

이르렀으되 도무지 대지를 뚫고 나온 시절이 그려지지 않도록 거목의 그림자는 크고 짙다. 김수근의 건축에도 공중에서 내려앉은 듯, 애초에 분할된 적 없는 한 덩어리의 육중함이 있다. 벽돌의 온화한 색감과 투박한 질감은 세월이 흘러도 매양 그대로일 듯한 불로주[柱]의 기운을 뿜는다.

　나무껍질은 제 역할을 다한 체관일 뿐 진정 생명현상이 일어나는 곳은 그 안의 목질부이듯, 김수근 건축의 진가도 공간에 있다. 특히 공간사옥과 경동교회의 내면은 "건축은 빛과 벽돌이 짓는 시"이며 "건축의 본질은 외양이 아니라 공간을 만드는 것"이라는, 김수근 자신이 내린 건축의 정의를 형상화한 듯하다. 어쩌면 건축은 아무 것도 없는 빈 공간에 구획을 지어 새 공간을 만드는 일이고, 공간 안의 공간이 제 역할을 제대로 할 때에 전체 공간이 살아나는 건지도 모른다. 어떤 공간은 물을 나르고, 어떤 공간은 영양을 공급해야 공간 전체가 숨 쉬고 자란다. 하여 소박하며 효율적인 공간을 유기적인 통로로 잇는 공간사옥과 경동교회는 대지에 이어진 또 하나의 나무다.

⊢   계절을 따르는 집
―――――――――――

　옛 공간사옥은 내 작업실에서 가깝다. 250번쯤 엎어지면 코 닿을 거리다. 2013년 늦가을부터 뉴스에 '공간사옥 매각, 유찰' 등의 단어가 등장하면서 행여 건물이 철거될까 오가는 길마다 안부를 확인했다. 다행인지 같은 해 아라리오갤러리가 매입해 2014년, '아라리오뮤지엄인스페이스'라는 이름의 전시장으로 다시 문을 열었다. 내부 재건은 공간그룹에서 맡아 원형에 가깝게 지켰고, 문화재청은 같은 해 2월 근대문화재로 등록해 공간사옥 보존을 지지했다. 그럼에도 건축사무소 시절의 사람과 집기가 사라진 공간이 종부 떠난 종가의 빈 독처럼 허허로워진 건 어쩔 수 없다.

　미로처럼 좁은 통로를 오르내리다 보니 비밀스러운 공간에 빠듯하게 전시된 고가의 예술작품보다 공간 그 자체, 김수근의 건물이 자꾸만 눈에 들어왔다. 마침 밖에는 눈이 내렸다. 겨자씨만한 것이 오톨도톨 붙어 있는 낡은 창가에 다가갔다. 이 겨울에 웬 파리똥인가, 한참 들여다보고서야 그것이 담쟁이의 흡반吸盤이라는 걸 알았다.

　담쟁이는 나무다. 덩굴식물이라 곧추설 힘이 없는 줄기는 담이 나오면 담에, 벽이 있으면 벽을 타고 오른다. 담만큼 벽만큼, 담과 함께 벽과 함께 살아간다. 그러려면 담과 담쟁이 줄기를 잇는 것이 필요한데 흡착근이

담쟁이 잎은 잎몸과 잎자루가 따로 진다. 두 번 이별한다.

그 역할을 한다. 잎과 마주나는 흡착근은 개구리 앞발처럼
생겼다. 가늘게 갈라진 줄기 끝에 동글납작한 작은 흡반이 달려
있다. 흡반은 비바람에 끄떡없을 만큼 강력해 다른 식물이나
건물을 해칠 것이라 여겨지곤 하지만, 해를 입히기에는
못내 미력하며 돌로 된 건물이라면 더더욱 무해하다. 줄기
바스라지고 잎 다 지고도 남아 있는 흡반의 연약한 모습을
보면 유해 논란이 우스워진다. 유리를 사이에 두고 흡반을
만져보았다. 차가운 유리 너머 절박한 생의 자취가 참으로
따뜻하고 애처롭다.

겉보기에는
태연해도
담쟁이는
죽을힘으로
담을 붙든다.
잎몸, 잎자루
다 진 뒤에야
지상의
담쟁이 뿌리는
비로소
한숨 돌린다.

가을이면
경동교회는
'나뭇잎
비단'으로
뒤덮인다.

가을, 담쟁이를 지금 地錦, 땅을 덮는 비단이라 부르는 연유가 경동교회 담벼락에 매달려있다. 태양을 연모해 그 빛을 닮아간 황금빛 이파리는 만추晩秋의 양광陽光을 되비쳐 찬란하다. 가을이 지상과 이별할 무렵, 담쟁이도 잎몸을 떨구기 시작한다. 대개의 나뭇잎이 잎사귀째 지는 것과 달리 담쟁이 이파리는 잎몸 먼저, 잎자루가 그 다음에 진다. 담벼락에 기대어 처절하게 올라간 생과의 이별이니 그 마음이 어찌 단번에 끊어질까. 먼저 떠난 잎몸에게 하염없이 손을 흔들며 이별을 아쉬워하던 잎자루도 결국엔 잎몸 곁으로 간다. 다 떠난 자리에 흡반만이 남아 '나 여기 살았네' 족적이 된다. 다음 해 새 흡반이 나타나면 그제야 마음 놓고 자리를 내어준다.

　　담을 좋아해 담쟁이가 된 나무는 담과 한 몸이 되어 산다. 무생물에 기댄 생물은, 절기마다 새 빔이 되어 봄 여름 가을 겨울, 생生의 절정을 선사한다. ✳

'나뭇잎 비단'은
겨울에는
자취도 없이
사라진다.

느티나무는
다 기억한다

신문로2가 새문안로
느티나무

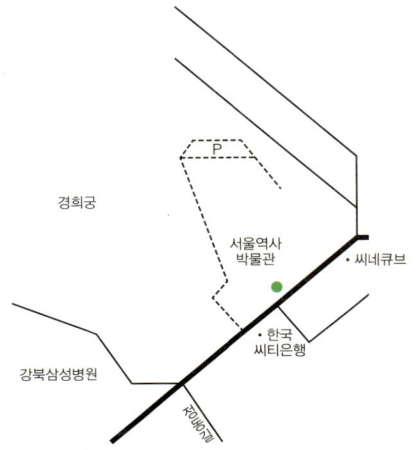

ㅏ 큰 터에 큰 나무 자라노니

"느티나무는 늘 티가 나서 느티나무래." 아는 것 많은 선배의 말을 듣자마자 눈은 휘둥그레지고 입으로는 "아", 고개는 연신 끄덕끄덕했다. 느티나무라는 종의 오랜 생을 두 음절로 응축할 수 있는 한글의 위대함에 탄복했다. 얼마 뒤 느티나무 이름의 유래를 묻는 이에게 "저요, 저요" 큰소리치고 들은 대로 옮겼다가 혼쭐이 났다. "누가 그런 엉터리 소리를 하던가? '느티'는 '늣회'가 변해 된 말이야. 늣은 '느끼다'의 옛말 '늣기다'에서 온 거고 회나무는 알지? 둥그런 회나무가 느껴진다고 해서 늣회나무라 부르다가 느티나무가 된 거야. 잘못 아는 건 그냥 모르는 거야." 백발의 노선생은 엄중히 일갈하고 나직이 한 수 가르쳤다.

노선생이 알려준 것 말고도 느티나무 어원에 대한 여러 설이 존재한다. 하지만 단순히 음성학적으로만 보면 '느티'라는 이름은 제 성품과 외양을 귀띔하는 바가 있다. 느티나무의 크고 둥근 윤곽은 '느'라는 첫 음절과 잇닿는다. 느티나무는 한 아름을 넘어 두세 아름, 때로 그보다 훨씬 크게 자라며 사방 어디서 보아도 원만하다. 지구처럼 둥글다. 줄기는 크고 높으며, 가지와 잎은 무수하다. 그 덕에 그늘이 해처럼 널찍하다. 이파리가 많아 햇빛 들 새 없고, 가지가

많아 잔바람에도 큰바람 인다. 풍요로운 느티나무 아래에서는
마음도 '느'긋해진다.

　　　느티나무가 크게 자라려면 너른 자리가 필요하다.
도심에서 느티나무가 본연의 모습대로 자라기 힘든 이유다.
느티나무 클 땅이면 집 한 채 지을 수 있으니 말이다. 공원이나
궁궐에나 가야 잘 자란 느티나무를 본다. 그중 경희궁에는
한 그루가 되어가는 열두 그루의 느티나무가 산다. 처음에는
젓가락만 했을 열두 줄기는 한 아름이 되도록 크게 자랐고,
앞으로도 한참은 더 자랄 것이다. 열두 느티나무는 공멸
대신 공생을 택해 한 몸이 되어간다. 끝내 한 느티나무가 된
장관을 지켜보고 싶지만 길어야 반백 년 남은 생에 가능할는지
모르겠다.

　　　경희궁과 이어진 서울역사박물관 앞에도 큰 느티나무
한 그루가 산다. 줄기가 세 아름 정도 될까. 여차하면 수령이
수백 년이고 이무기였으면 용이 되었을 천 년 묵은 느티나무도
있으니 사람으로 치면 청년 줄이나 될까 싶은 나무다.
지나는 이 쉬어가라 그랬는지 나무줄기를 가운데 두고 둥근
나무 평상을 만들어 놓았는데, 나름 그 옛날의 정자목 역할을
톡톡히 한다. 더운 한낮, 풀 베다 흰 속옷에 풀물 밴 인부가
땀을 식히거나 청소 일 하는 아주머니가 까다 만 계란을 쥔 채
까무룩 쪽잠을 잔다.

　　　느티나무 아래에서 시간은 다르게 흐른다. 보다 '느'리게
흘러간다. 수천 년 비, 볕 아래에서 어찌 살아야 하는지
깨달은 느티나무는 한없이 미약한 인간의 시간을 도닥인다.
'시간은 쫓으면 달아난다' 말없이 가르친다. 느티나무는 대대로
그러했듯 자신에게 깃든 모든 이를 보위하는데, 이어폰 꽂은
청년과 스마트폰으로 통화하는 장년은 시간을 쫓아 달려갈
뿐이다.

넉넉한 느티나무 그늘은 한숨 쉬어가기 좋은 자리다.

느티나무는
새도
사람도
다
품어준다.

├ 겉 태가 곧 속 태일까

'느티'의 '티'는 느티나무의 줄기, 그리고 잎의 성질을 드러낸다. 어린 느티나무 줄기는 회반죽으로 만든 듯 은회색으로 매끈한데, 조금 더 자라면 줄기가 거칠거칠한 것이 회반죽에 쌀겨를 섞은 듯하다. 어떤 것은 아예 시커멓다. 노거수老巨樹라 할 나이가 되면 줄기는 비 머금은 황토 집처럼 짙은 갈색이 된다. 바짝 마른 흙벽이 떨어지면 연한 황토 빛 벽면이 드러나듯, 느티나무 줄기도 떨어져 나간 껍질은 짙고 남은 속껍질은 연한 빛이다. 오래된 노거수 줄기에는 껍질 떨어져 나간 자리에 파문을 닮은 신비로운 기하학무늬가 나타나기도 한다. 또 느티나무는 겉은 거칠어도 속은 그 결이 곱다. 나이테 모양이 유독 아름다워 가구로도 만들고, 속이 건실해 건물 기둥으로도 쓴다. 한마디로 겉은 '티'가 많은데 속은 태가 난다.

한 인기 드라마의 남녀 주인공이 숲 속에서 마주섰는데, 하필이면 느티나무 아래다. 어린 연인은 서로 좋아하면서 시침 떼느라 밀고 당기고 몇날 며칠 아주 조청을 만든다. 하는 양이 같잖아 느티나무 이파리나 맞아라, 빌었다. 느티나무 이파리는 가장자리에 톱니가 발달해 뾰족뾰족하다. 느티나무의 수형은 모난 데 없어 뵈도 이파리는 의외로 가슬가슬하다.

거칠하던
느티나무
나무껍질은
자라면서 마구
벗겨진다.
더 오래 되면
신비로운
파문을
그리기도 한다.
사람이
그러하듯이.

신문로2가 새문안로 느티나무

　어릴 적 나무를 그리라 하면 제일 먼저 세로로 두 줄 직직 그어 굵은 줄기 세운 뒤 그 위에 크고 둥근 원을 그렸다. 도대체 어디서 본 나무일까, 곰곰 생각해 보니 느티나무와 닮았다. 하나 그 그림에는 큰 오류가 있었으니. 느티나무가 원만하다는 것은 얼핏 보았을 때의 인상이다. 세상만사 그렇듯 대강 보면 제대로 못 본다. 느티나무 수형은 매끈하게 둥근 게 아니라 그 끝이 세밀하고 뾰족하다. 브로콜리 같은 '엄마펌' 말고 멋 부린 청년의 비죽배죽 '스핀스왈로펌 Spin Swallow Perm, 여러 방향으로 날아오른 제비처럼 머리카락 끝의 방향이 제각각 솟아오른 펌' 같다.

　초등학교 저학년 아이들과 함께 '숲에서 글 짓고 놀기'라는 제목의 생태수업을 하곤 하는데, 항상 첫 시간의 주제는 나뭇잎이다. 아이들에게 나뭇잎을 그려보라 하면 대부분 원이나 타원을 그리고 아래에 이쑤시개처럼 막대 하나 더해 잎자루를 표현한다. 톱니나 잎맥을 그리는 아이는 거의 없는데, 톱니는 몰라도 잎맥이 없는 나뭇잎은 없다. 이전까지 나뭇잎을 세세히 들여다본 적이 없는 아이들은 의외로 관념적으로 사고한다. 그래서 원하는 나뭇잎을 한 장 주워 와 종이에 붙이고 똑같이 그리게 한다. 그제야 아이들은 나뭇잎 가장자리의 비죽배죽한 톱니를 본다. 나뭇잎 안의 잎맥, 굵은 주맥主脈뿐 아니라 실핏줄 같은 세맥細脈까지 살핀다. 그다음 나무의 이름을 알려주고 이행시나 삼행시, 사행시를 짓게 한다. 아이는 오늘 처음 발견한 나뭇잎의 참 모습을 받아들여 새 시를 쓴다. 이 수업의 주제는 거창하게도 '진실을 알게 하라'다.

이파리는
삐죽삐죽해도
느티나무는
줄기와 가지가
사방으로
잘 뻗어
크게 보면
둥글다.

신문로2가 새문안로

누가
누구를
움켜쥐고
있는가.

누가
누구와
합쳐지고
있는가.

느티나무

├ 어머니와 느티나무

대여섯 살 무렵, 느티나무 아래 앉아 두 언니가 학교에서
돌아오기만 기다렸다. 나뭇가지로 땅바닥에 그림을 그리거나
그도 지루하면 혼자 공기놀이를 했다. 초등학생이 되던 날,
그 나무 아래에서 가족사진을 찍었고, 느티나무 정류장에서
오지 않는 버스를 기다리다 성마른 십대 시절을 다 보냈다.
대학생이 되니 촌마을이 싫어졌고 느티나무는 촌스러워
보였다. 마을을 떠나오던 날, 나무는 유난히 세게 흔들렸다.
타향으로 떠돌다 상처 입은 어느 밤, 태어나 다 자랄 때까지
내 인생을 기억하는 건, 어머니와 느티나무뿐이라는 걸
깨달았다. 마을 어귀의 당산목堂山木이었던 느티나무는 마을에
깃든 모든 이의 삶을 기억했다. 외떨어진 초가에 살던 임실댁
할머니의 서러운 일생을 기억하는 것도 느티나무뿐이었다.

    임실댁 할머니가 그날 새벽녘, 병술이삼촌네 갓난쟁이 받으러
뛰어갔다 해 뜰 녘 미역국 한 솥 끓여주고 집으로 돌아가다가
왜 끝끝내 끊었던 연초를 말아 물었는지, 김맬 일도 없는 동지 녘에
머릿수건 동여매고 기어코 뒷산에 올라 종일 무얼 했는지, 해 질 녘
나무 아래에서 갓 잡은 돼지 생간에 탁주 한잔 걸친 한 과부댁이
'헤일 수 없이 수많은 밤을 내 가슴 도려내는 아픔에 겨워'
걸쭉하게 한 곡 뽑는 곁자리에 앉아 별 헤는 척 고름 집어든 연유를

느티나무는 알고 있었다.
그날 밤, 임실댁 할머니가 열여덟에 처음 만나 다섯 해도 못 살고
먼저 떠난 할아버지와 혼자 탯줄 자르고 낳은 아들, 세 돌도 안 돼
열병으로 먼저 간 그 둥둥이 만나 얼싸안고 춤추다 그 길로 황천길
따라나서는 걸 배웅한 것도 느티나무였다. 은비녀 감은 무명 두 필이
전부인 봇짐을 끌어안은 채 다 해진 짚신 신고 소 대신 팔려온 설움
누르느라 볼이 빨갛게 부어오른 열여덟 복례를 마중했듯이.
남편 잃은 채로 달 찬 배를 쓰다듬으며 복숭아가 먹고 싶어
지전 세다 보리 누룽지만 끊어 삼키던 청상과부와, 남편 옆에 아들
묻고 흙손으로 내려오며 문드러져 썩은 속내를 풍기던 새끼 잃은
어미와, 정신줄 놓지 않으려 땅만 파고 살던 임실댁 할머니를 모두
기억하는 것도 느티나무뿐이었다.
그날 밤, "잘 있어이. 나 가네." 저 멀리 손 흔들고 갈 적에,
느티나무는 이제야 임실댁 할머니가 그토록 그리던 섬진강 모래밭에
가 보겠구나, 마음을 내려놓았다. 그리고 그녀의 한 생과 함께
제 오랜 생의 한 시절이 끝났음을 알았다. ☀

느티나무는
어머니.
모든 걸 품는다.

경희궁에 사는 열두 그루의 느티나무는 줄기를 이어 하나가 되어가는 중이다.

서울기상관측소 앞마당에도 느티나무가 산다. 가리는 것 없으면 저리 크게 자란다.

오랜 성당과 느티나무
조용히 말을 거네
　　짐진 자여, 내게 오라

개나리 진 날
봄도 져버렸다

송월동 송월로
개나리

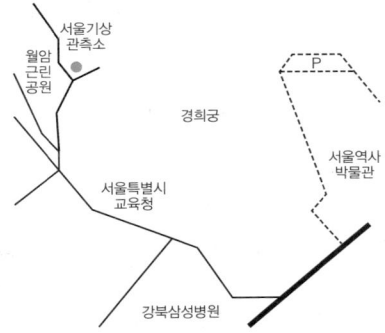

├ 봄을 여는 문지기

    2014년 3월 25일, 서울에 첫 개나리가 피었다. 기상청에서는 '올해 개나리가 예년보다 사흘 일찍 피었다'고 발표했다. 서울의 모든 개나리가 일제히 꽃망울을 틔웠을 리는 없고, 그렇다면 개화 시기의 기준이 되는 개나리는 어디 사는 개나리일까. 바로 서울기상관측소 앞마당 개나리다. 제 이름보다 곱절은 긴 '계절 관측 표준목'이라는 명찰을 목에 건 개나리가 꽃 피운 날이 곧 서울의 개나리 개화 시기다. 서울기상관측소 앞마당에는 개나리 말고도 벚나무, 단풍나무, 진달래, 매실나무, 코스모스 등 계절 관측 표준목 여러 그루가 산다. 개화 시기는 계절 관측 표준목에 꽃이 세 송이 이상 활짝 피었을 때를 기준으로 한다. 활짝 핀 꽃을 세는 일, 참 셈 없이 즐거우리라.

    종로구 송월동 1번지 서울기상관측소는 개화시기뿐 아니라 서울의 첫눈, 첫 서리, 첫 얼음의 기준이 되는 곳이다. '송월동에 내린 눈이 진짜 첫눈' '서울시 오만 데 폭설이 내려도 송월동에 안 내리면 말짱 헛눈'이라는 말이 생긴 까닭이다.

    농림축산식품부와 농촌진흥청은 우리 꽃을 사랑하고 가정과 사무실에 꽃 보급을 확대하려는 취지로 '이달의 꽃'을 추천하는데 2014년 4월의 꽃으로 개나리를 꼽았다.

개나리 잎은
길고 뾰족하다.
봄나물 이파리를
닮아 자꾸
먹고 싶다.

개나리꽃은
십자화十字花다.
'엑스자화'가
아니라.

개나리 가지는
잘 휜다.
갈피를 못 잡은
마음처럼
정신없다.

그런데 이 개나리가 점점 일찍 피더니 이젠 아예 3월에 핀다. 1971년부터 2010년까지 전국 주요 도시의 개나리 개화 시기는 4.17일이나 빨라졌다. 이런 추세라면 개나리는 3월의 꽃이 더 온당해질 전망이다. 개나리, 진달래, 벚꽃 순으로 피는 순서만은 여전하다는 게 그나마 위안이다.

    봄이면 개나리가 지천이다. 한 식물도감에는 "개나리는 양지 바른 산기슭에서 자란다"고 쓰여있지만, 노인정 앞 고무 통이나 공영주차장 화단에서도 잘 자라는 게 개나리다. 이처럼 흔해서 잊곤 하는데 개나리는 귀한 꽃이다. 야생을 뜻하는 '개', 백합의 순 우리말 '나리'를 합한 이름만 봐도, 한반도의 오래된 고유수종이라는 것이 드러난다. 자생지를 찾지 못한 자생식물이라는 모순을 안고 있지만, 세계로 뻗어나가 다채롭게 변신해 널리 인간을 이롭게 하니 단군할아버지가 알면 칭찬할 나무다.

봄이면
한반도 곳곳에
노란 커튼이
드리워진다.
왼쪽은 개나리와
닮은 영춘화이고,
오른쪽이
진짜 개나리다.

├ 지어도 꽃, 져버린 꽃

　만약 개나리가 흰색이나 붉은색이었대도 지금처럼 사랑받았을까. 겨울에 비해 햇빛이 따스한 봄에는 노란색이 어울린다. 애초에 개나리 덕분에 생긴 이미지인지도 모르지만, 노란 개나리는 달달한 봄이 왔음을 알리는 축포 같다. 봄꽃답게 '봄스럽게' 피어난다. 따뜻하고 힘차다. 노란빛이 만 리 밖에서도 보인다는 만리화를 어머니로 둔 덕인지 순정하게 노랗다. 노랑의 기준 같다. 보고만 있어도 목 메게 달다. 눈으로 꿀을 먹은 기분이다.

　매캐한 올림픽도로나 강남 빌딩숲에서 샛노랗게 흐드러진 개나리는 바위 치고 깨진 계란 노른자 같다. 무모하도록 싱그러워 무더기로 보고 쏜살같이 지나치는 눈길이 야속하다. 서울 시민 모두가 피어나기를 기다리는, 찬찬히 봐줄 이가 있는 계절 관측 표준목 개나리는 낫겠지 했는데, 담벼락을 사이에 두고 경희궁과 나란한 서울기상관측소는 어느 사이 도심의 섬이 되었다. 서쪽으로 돈의문 뉴타운이, 북쪽으로 사직 2구역 도심 주택재개발 구역에 에워싸였다. 나무와 숲을 배운 숲연구소가 세 들어 살던 경희궁 옆 작은 건물도 돈의문 뉴타운에 자리를 내주었다. 독립문에서 서대문으로 질러 걷던 길과 일없이 오르내리던 정겨운 사직동 골목도 모두 지워졌다. 하여 서울의 진짜 봄을 알리는 개나리는 지금 뉴타운을 관측하고 있다.

아름다운 서울은

고풍스러운 서울기상관측소 건물과 '계절 관측 표준목' 개나리, 그 너머 뉴타운까지 모두 서울의 오늘이다.

2014년 4월 16일, 한길에 낙화한 개나리가 별처럼 아름다웠다. '지어도 꽃이로구나' 감탄하는데, 누군가 뉴스 속보를 전했다. 큰 배가 침몰했으나 승객 모두 구조되어 얼마나 다행이냐, 마주보고 놀란 가슴을 쓸어내렸다. 다 저녁에야 피지도 못한 꽃들이 무참히 수장된 것을 알았다. 그날, 이 땅의 봄도 일시에 져버렸다. 개나리는 다시 피어도 이 땅의 진짜 봄은 영영 오지 못하리라.

  그해 봄, 부디 그들이 돌아오길 바라며 함께 사는 나무 중에 가장 건강한 벤자민고무나무에 리본을 매달았다. '살아 돌아오라, 떠내려가지 말아라, 지상의 시간으로 돌아가라' 오가는 길마다 소원했다. 사명을 가진 나무는 북향의 추운 곳에서 모진 겨울을 이겨냈다. 한데 살 만한 봄이 오자, 나무는 제게 매달린 기도를 더는 감당할 기력이 없는지, 죽어간다. 죽어가는 나무를 보는 고통은 크다. 도울 수 없어 더 고통스럽다.

  지난 봄, 경희궁에서 주운 은단풍 씨앗은 그해 여름에 첫 잎을 내더니 올해 봄 둘을 맞았다. 나란한 두 나무를 보며 비애와 환희를 일시에 느낀다. 은단풍은 물망勿忘하라는 하늘의 전언傳言인지, 새로 난 잎은 세월을 뒤엎은 배를 닮았다. 은단풍 새잎이 돋아나는 봄, 그 기억을 되새기는 봄이 오고 그 봄이 거듭될 때까지 영영 잊지 말아야 한다. ✽

개나리가
모두 져버렸다.
하늘에
있어야 할
별이 땅 위에
떴다.

얼룩덜룩하다고
떨쳐버릴 텐가

용산동 이태원로
양버즘나무

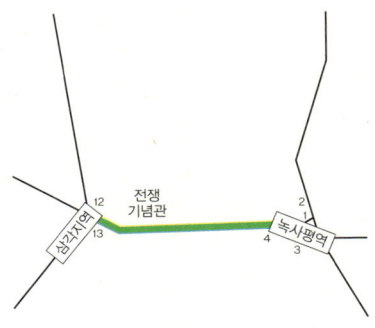

국립중앙박물관

넌 왜 여기 사니

　첨단의 용산은 그늘도 짙다. 고층 유리빌딩 뒤안길에 슬레이트 지붕의 단층가옥이 어깨를 움츠린 채 다닥다닥. 가난의 굴레를 벗고 홀로 출세한 장남처럼 겉은 번지르르하나 어딘지 부대끼는 기운이다. 인근의 이태원과 해방촌, 녹사평 일대가 '다름의 많음'으로 생동하는 것과 다른 분위기다. 이웃 동네는 다른 종족과 다른 문화, 그 수평적인 이질성에서 에너지가 발생하는데, 용산동은 같은 종족, 다른 문화라는 수직적인 불균형에서 갈등이 자란다.

　용산구 일대에서 일어나는 이 같은 현상의 뿌리는 실은 담장 뒤에 가린 주한미군 용산기지에 있다. 오래 전부터 외세가 득세한 용산은 13세기 몽고의 병참기지가 들어선 것을 시작으로 일제강점기부터 지금껏 일본과 미국의 주둔지였다. 무력유죄無力有罪라 남산을 등지고 한강을 지척에 둔 노른자땅은 오래도록 열강이 깔고 앉았다.

　2016년, 점유한 시간과 크기만큼 이 땅의 자연과 역사, 문화에 큰 상흔을 남긴 용산기지가 마침내 이전한다. 그 자리에는 용산공원이 들어선다. 2030년에야 완공될 공원은 착공도 전에 유네스코 등재를 추진하고 있다. 여의도 면적에 육박하는 240만 제곱미터에 들어설 최초의 국가공원은

'자연과 역사, 문화 치유'라는 큰 사명을 짊어지었다. 남산과 한강을 잇는 생태 축을 세우고 문화 역사적 복원도 병행한다. 안방 꿰찬 첩실이 가산 들고 도망가자, 요깃거리라도 구하러 막내는 등에 업고 둘째를 한 손에 안고, 보따리 든 첫째 손잡고 걷는 행상 어미 짝이다.

    용산기지의 허리춤을 동서로 가르는 이태원로의 녹사평역에서 전쟁기념관에 이르는 구간, 녹사평역에서 내리막을 이뤄 삼각지역 목전의 전쟁기념관에 이르는 1킬로미터 남짓한 길은 왕복 4차선 차로 양쪽에 왕복 2차선 인도가 나란한 길이다. 통행량에 비하면 차로는 좁고 인도는 거하다. 게다가 차로와 인도 사이에는 화단이 길게 이어져 기지基地 밖인데도 기지 안 같은 분위기다. 우레탄을 잘 깔아놔

용산 미군기지 사이에 난 이태원로의 가로수는 양버즘나무다. 장소와 잘 어울린다.

조깅하는 군인이 심심찮다. 지나는 차량은 분명 찌그러진 데가 없는데 미군기지 담장과 담장 사이를 비집고 난 길에선 왠지 움츠러든 모습이다.

    그 길의 가로수가 양버즘나무다. 플라타너스 Platanus 라 알려져있지만 엄연히 우리 이름이 있다. 플라타너스는 학명의 첫 단어이자 속명屬名이며, 양버즘나무는 버즘나무과 Platanaceae 플라타너스 속의 식물이다. 플라타너스 속의 식물은 세계에 열 종이, 우리나라에는 버즘나무와 양버즘나무, 둘 사이에서 태어난 단풍버즘나무까지 세 종이 산다. 버즘나무와 단풍버즘나무는 도통 보기 힘든데 양버즘나무는 흔하다. 그도 그럴 것이 양버즘나무는 우리나라에서 네 번째로 많은 가로수로 30만 그루나 심어졌다. 벚나무(118만 그루)가

1위, 그 다음이 은행나무(100만 그루), 느티나무(31만 그루) 순이다. 서울만 놓고 보면 은행나무 다음, 두 번째로 많은 가로수다.

   양버즘나무는 1960년대 가로수 심기 사업을 시작하면서 대거 심어져 지금까지 크게 자라는 데가 많다. 대학로의 이화사거리부터 혜화동로터리에 이르는 길의 양버즘나무는 최근 들어 좀 달라졌다. 서울시가 특색 있는 가로를 조성하기 위해 일부러 사각으로 가지치기를 했다. 타고난 생김을 해쳤으니 마냥 아름답다고 할 수는 없으나 가로변 상인과 가로수가 공생하는 방편이라 여기면 보기가 낫다. 남다른 생장 때문에 마구잡이로 가지를 자르다 보면 어떤 때는 산 나무인지 죽은 나무인지 헷갈리기도 하는데 막대얼음과자면 양반 아닌가.

여름이면 그늘 넓은 양버즘나무는 가로수로 널리 사랑 받는다. 가을이면 큰 이파리 걷어차이며 욕을 듣지만.

욕 듣기
직전이다.

속이 빈
양버즘나무
잎자루는
겨울눈을
품고 끝까지
감싼다.

├ 나무병사, 제대를 명 받았습니다
———————————————

　이태원로의 양버즘나무는 나무와 공간의 특성이 잘 어울려 각별하다. 북아메리카에서 온 양버즘나무는 서남아시아와 남유럽에서 온 버즘나무에 '양洋'자를 보탠 이름이다. '양'은 서양을 이르지만 양키Yankee라는 단어의 영향인지 양담배, 양공주처럼 미국과 연관된 단어에 접두어처럼 쓰인다. 미국에서 왔다고 양씨 성을 갖게 된 양버즘나무도 미국 사람처럼 크게 잘 자란다. 키도 크고 잎도 크고 열매도 크다. 큰 것은 작은 것을 덮거나 가려준다. 양버즘나무의 넓은 잎도 마침 불편한 곳을 가려준다. 크나큰 딴 나라 주둔지와 마주한 대한민국 국방부의 체면 말이다.
　공기가 더러워도 잘 자라고 가지를 잘라도 잘 자라면서 어디 아픈 듯 양버즘나무의 나무껍질은 큰 덩어리로 벗겨지곤 한다. 꼭 '버즘(버짐)' 먹은 것 같다 하여 이름에도 버즘이 피었다. 껍질이 더께를 이룰 때는 몰라도 껍질이 떨어지면 추저분하지 않고 매끈하다. 진녹색 조각이 듬성듬성 떨어지고 매끈한 연갈색 줄기가 드러나면 줄기는 여기저기 얼룩덜룩해진다. 나무껍질이 벗겨지는 나무를 보면 밝기가 다를 뿐 남은 줄기도 비슷한 색으로 얼룩덜룩한 경우가 많은데, 양버즘나무는 녹색과 갈색의 영역이 명확하다. 카키색, 곧

국방색에 자연스러운 얼룩무늬까지 있으니 그대로 패턴을 떠 군복을 만들어도 될 성 싶다. 실제 얼룩무늬 군복 패턴의 이름이 우드랜드Woodland이고, 나무나 숲이 많은 밀림이나 산악지형에 알맞은 무늬라 하니 영 맹랑한 말은 아니다.

'국방의 길에 선 나무병사'는 용산공원이 생겨도 무사할까. 부산시민공원에서 그 미래를 점쳐본다. 부산시민공원은 도심 한가운데 하야리아부대가 물러간 자리에 조성한 53만 제곱미터 규모의 거대한 공원이다. 용산기지와 마찬가지로 일제의 경마장과 미군 부대는 부산의 성장과 무관하게 오래도록 알토란같은 땅을 차지했다. 부대가 옮겨가고서야 그 자리는 진정 '하야리아Hialeah, 인디언 말로 아름다운 초원'가 되었다. 공원 한편에는 '기억의 숲'이 생겼다. 하야리아부대 안에 살던 양버즘나무 98그루를 한데 모은 자리다. 치욕스러우나 분명 존재했던 시간을 잊지 않으려는 갈망이 숲을 이루었다.

이태원로의 양버즘나무가 일제히 이파리를 팔락인다. 오늘따라 잎 뒷면이 유독 하얗다. '내일의 기억은 아프지 않으리라'는 밝은 손사랫짓인가. ✳

양버즘나무의
나무껍질은
무늬와
색깔이 딱
국방색이다.
당연히 사람이
따라한 거다.

용산동 이태원로 양버즘나무

봉황은 왜
벽오동에 깃드는가

동숭동 동숭길
벽오동

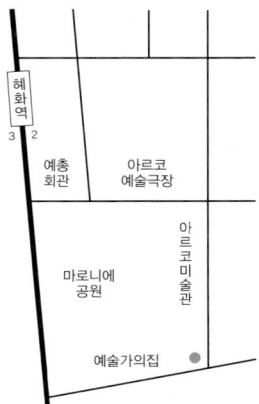

⊢ 봉鳳 잡은 벽오동碧梧桐

    고매한 지인의 추천으로 '죽음기 감상석'이라는 예술강좌를 들은 적이 있다. 오래된 축음기로 희귀 음반을 들어가며 대중가요 100년사를 되짚는 시간이었다. '남인수가 노래한 한국 근현대사' '기생에 의한, 기생을 위한, 기생의 노래' '조선 재즈 카페' '부산행진곡' 등 주제도 참신해 번번이 빠져들었다. 게다가 무료였다. 동숭동 마로니에공원 남쪽에 면한 '예술가의 집'에서는 이처럼 음악, 무용, 연극, 문학 등 예술을 주제로 한 알찬 강좌가 종종 열린다.

    강좌가 열리기 전《나무의 죽음》이라는 책을 읽고 '죽어서조차 생태계에 큰 이로움을 주는 나무에 비해 인간은 어떠한가' 자문하며 마로니에공원을 산책했다. 먼 데서 예술가의 집을 바라보았다. 시절 따라 경성제국대학, 서울대학교, 한국문화예술위원회 대학로 청사로 쓰인 사적史跡 건물은 참으로 고풍스럽다. 활기찬 마로니에공원과 마주한 여든 넘은 건물에는 만화방창萬化方暢한 손주 녀석을 지켜보는 외할머니의 푸근함이 배어있다. 문득 이 자리를 그리워하던 황지우 시인이 떠올랐다. 필자와의 인터뷰 도중, 서울대 동숭동 캠퍼스에서 보낸 날들을 떠올리며 "그때는 시의 대기권에 머리를 집어넣고 다녔지" 하며 허공을 올려다보던 시인의 옆모습은 무척이나 멋스러웠다. 그 시절의 낭만은 간데없고 지금 공원 한가운데 공터에서는 여자애 서넛이 욕망의 개펄에 다리가 빠졌는지 끈적한 노랫말의 유행가에 맞춰 온몸을 흐느적거린다. 세상에 저 뿐이다. 음악 소리 어찌나 큰지 까치 소리 다 가린다.

  귀 막고 눈 가리고 싶어 다시 예술가의 집으로 돌아들었다. 아담한 뒤뜰에는 조붓한 뒤안길이 나 있다. 겸재나 단원이 보았다면 분명 붓을 씻어 들었을 풍경이다. 드문드문해도 적재적수適材適樹의 나무와 바닥 가득한 풀, 공중만큼 들어찬 햇살, 적당히 불어오는 가을바람, 나직하고 청정한 것들로 가득하다. 자연이 오롯한 공간에 찾아드니 지척의 속세가 부질없다.

  그렇지, 새 한 마리 날아들어야지. 한데 대관절 무슨 새이기에 오방색으로 저리 찬란한가. 머리는 흡사 닭이며, 턱은 제비처럼 날래고, 목은 길쭉한 것이 뱀과 같고, 꼬리는 난데없이 물고기로세. 깃털은 원앙의 것이요, 등은 또 탄탄한 거북의 등이로구나. 다리는 학 다리, 발톱은 매 발톱이니 세상천지에 저토록 휘황한 새가 있었던가. 두 마리 짝을 이룬 새가 뒤뜰 저 끝 벽오동에 내려앉았다. 오호라, 봉鳳과 황凰이로구나. 봉황이 쌍으로 꼬리를 늘어뜨리니 벽오동 푸른 줄기는 순식간에 찬란한 깃대가 된다.

벽오동을 처음 마주한 때, 신비로운 자태에 말문이 막혔다.

숲속 숲속길　　　박오동

벽오동 줄기는
잎처럼
새파랗다.

├ 속계俗界에 사는 선계仙界의 나무

벽오동과 오동나무는 다르다. 이름의 두 글자를 같이 쓰지만 소속부터 다르다. 벽오동은 벽오동과, 오동나무는 현삼과玄蔘科에 속한다. 잎 모양이 닮아 그런지 옛 문헌 속 동桐은 오동나무일 때도 있고, 벽오동일 때도 있다. 그중 봉황과 함께 등장했다면 대체로 벽오동이 맞다. 조선 후기 노래집인 〈화원악보花源樂譜〉에 실린 작자 미상의 시에서처럼 벽오동은 봉황의 단짝이다. "벽오동 심은 뜻은 봉황을 보려터니 내 심은 탓인지 기다려도 아니오고 무심한 일편명월一片明月만 빈 가지에 걸렸어라." 은회색 달빛 서린 빈 하늘 바라보며 망연히 기다리는 그 마음, 달따라 이지러지고 차오른다. 무심히 살다 보면 제 알아 올 텐데, 기다리면 모든 순간이 오지 않는 순간인데, 연모하는 마음은 그칠 줄을 모른다.

상상의 동물 중에서도 그 위상이 가장 높다 할 봉황은 천 리를 날고도 조를 쪼아 먹지 않으며 삼천 년에 한 번 열린다는 대나무 열매, 죽실竹實을 먹으며 오로지 벽오동에만 깃든다. 고결한 봉황이 깃드는 나무이니 벽오동인들 예사로울까. 쭉 뻗어 오른 줄기부터 비범하다. 세상 어떤 나무가 푸르지 않겠냐만 벽오동은 떡하니 푸를 벽碧 자를 이마에 붙일 만큼 유독 푸르다. 여느 나무줄기가 흙빛이나 잿빛인데 비해 벽오동 줄기는 그야말로 청청靑靑하다. 대나무처럼 곧은 줄기에는 짤막한 세로 모양의 초록 줄이 가득한데, 꼬물꼬물 나무 꼭대기에 오르려는 애벌레의 행군 같다.

손바닥 모양의 잎은 부채로 써도 좋을 만큼 선이 유려하고
넓적하며 잎자루가 길다. 만추에 커다란 벽오동 이파리 하나
떨어지면 계절이 통째 져버린 기분이 드는 건 그 때문이다.
큰 잎 진 자리에 추파秋波가 밀려오면 괜스레 서늘해져 하늘
가려주던 손대신 제 손이라도 들어 올린다.
　　줄기와 잎도 비범하지만 벽오동 열매야말로 별에서 온
형상이다. 바나나 열매처럼 달리며 성숙해지면서 열매나
꽃밥의 봉합선인 봉선縫線이 약간 열려있는 것이 특징이다.
송편 모양의 열매는 완전히 익으면 세로로 길게 갈라지면서
안에 있던 씨앗을 드러내는데, 열매는 필시 공중에 정박한
일엽편주一葉片舟의 자태다. 하나에서 갈라진 여러 대의 배편은
때가 된 어느 날, 닻줄을 끊고 바람의 바다를 항해한다.
　　예술가의 집 뒤뜰, 벽오동 밑동에 일엽편주가 우르르
정박해 있다. 한 치라도 더 날아가라 조각배에 실어 보냈거늘
바람 잔 날 떠났는지 모두 멀리 가지 못했다. 애달픈 어미가
서글피 우는가. 어디선가 구슬픈 소리가 들려온다. 올려다보니
봉황이 홰친다. "유후우이, 휘루로이, 모로무루, 에러리이!"
천지를 울리는 네 갈래 소리에 기린麒麟과 거북神龜, 용龍이
뒤뜰에 나타난다. 봉황까지 사령四靈, 전설 속 신령한 네 동물이 모두
모였다.

지상에 정박한
벽오동 열매는
한 척의 배다.

벽오동 잎은 다섯 갈래로 갈라져 딱 손 모양이며, 부채로 만들고 싶게 큼직하다.

줄기의 색이 파래 '푸른 오동나무', 곧 벽오동 碧梧桐이 되었지만 두 나무는 계통이 다르다. 오동나무는 여식 女息의 짝이고, 벽오동은 봉황 鳳凰의 짝이다.

외뿔을 단 사슴 같은 기린은 타박타박 걷는데도 풀 한 포기 쓰러뜨리지 않고, 옆 뜰의 연못에서는 용의 얼굴을 한 거북이 솟아오른다. 거북 등에서 내린 토끼는 뒷짐 진 채 속세를 위아래로 훑어본다. 용과 함께 나타난 정의로운 해치는 '해님이 보낸 벼슬아치'답게 타락한 인간계에 당도하자 온몸의 푸른 비늘이 붉게 변한다. 봉과 황은 어느 틈에 벽오동에 둥지를 짓고 아홉 마리 새끼 봉황을 낳았다. "나아가라!" 우레와 같은 봉황의 다섯 번째 소리에 어느새 다 자란 아홉 마리 새끼 봉황과 제 어미 아래 흩어져 있던 벽오동 씨앗은 모두 하늘로 날아올랐다. 봉황의 아이와 벽오동의 아이가 어우러진 풍경은 춤인 듯 꿈인 듯 황홀하다. 어디선가 나타난 큰 회오리는 그 모두를 저 멀리 아득한 곳으로 데려갔다. 바람이 잦아들고 넋을 되찾자, 사령은 간 곳이 없고, 벽오동만이 그 자리에 홀로 우뚝하다.

사령은 태평성대의 땅에만 나타난다. 뒤뜰은 선계에 속한 땅이련가. 다시 바람이 인다. '벽오동 그리워 봉황이 되돌아왔나' 하는데 뜰 너머 주택가에 오색찬란한 깃발만 요란하게 나부낀다. '21세기 건설 신화, 태평맨숀 파격 분양! 그 성대한 축제에 당신을 초대합니다.' ✳

낙산공원　가죽나무
삼청공원　때죽나무
선유도공원·서대문독립공원　양버들
안산공원　아까시나무
여의도공원　피나무
마로니에공원　가시칠엽수
삼청공원　귀룽나무
호수공원　구상나무
남산공원　소나무

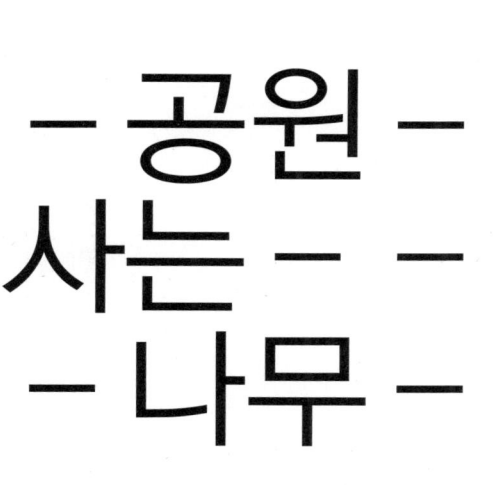

나 하늘로 돌아갈래

낙산공원
가죽나무

├ 누구 마음대로 가짜래?

　가죽나무는 암수딴그루다. 암그루에 암꽃이, 수그루에 수꽃이 핀다. 나무의 큰 생김과 달리 꽃은 자잘하다. 되레 잎과 열매가 꽃처럼 생겼다. 가죽나무 잎은 깃꼴겹잎인데, 깃꼴은 새의 깃 모양이라는 뜻이고, 겹잎은 한 개의 잎자루에 여러 장의 작은 잎小葉, 소엽이 달리는 것을 말한다. 가죽나무 잎은 하나의 잎자루에 적게는 13개, 많게는 27개까지 달린다. 작은 잎은 잎자루를 중심으로 쌍으로 달리다가 잎자루 끝에 한 장이 더 달려 늘 홀수다.

　겹잎은 한 잎자루에 한 잎이 달리는 홑잎에 비해 잎자루가 길다. 자식이 많을수록 밥상이 커지는 이치와 같다. 달린 이파리가 많아 저는 바람 잘 날 없겠지만 보기에는 아름답다. 가죽나무 한 잎은 작은 잎조차 어지간한 홑잎보다 크다. 새의 깃털이라면 타조의 깃털로 알맞다. 이 커다란 잎은 가지를 중심으로 돌려나는데 올려다보면 그대로 한 송이 꽃이다. 잎과 잎 사이 빈 틈으로 빛이 들면 눈의 결정 같다.

　꽃 진 자리의 가죽나무 열매도 꽃 같다. 가죽나무 열매는 시과翅果로 열매껍질이 자라면서 날개 모양으로 변한다. 회전날개와 같이 양쪽 끝이 반대로 말려있어 바람에 날리면 빙그르르 돌면서 멀리까지 날아간다. 단풍나무 열매를 보고

프로펠러를 고안했다는데 가죽나무 열매도 프로펠러 날개 모양이다. 초여름, 가죽나무의 연녹색 날개에 진한 녹색 씨가 든 열매 송이가 주렁주렁 달린다. 열매는 잎 다 진 늦겨울까지 꽃처럼 어여쁘게 매달려있다. 푸른 모가 황금색 벼가 되듯 날개 빛이 풋사과 빛에서 흐린 땅 빛이 되면 마른 열매는 서로 부딪혀 '찰찰 사사삭' 소리를 내면서 무채색 겨울 숲의 귀한 꽃이 된다.

다시 봄, 가죽나무에 연한 순이 돋는다. 참죽나무 순은 없어 못 먹는데 가죽나무 순은 줘도 안 먹는다. 참죽나무와 닮았지만 먹지 못한다 해서 '가假, 가짜죽나무'라는 이름이 붙었고, 채식하는 승려들이 즐겨 먹는 참중나무 참죽나무의 다른 이름와 달리 그렇지 않다 해서 가중나무라고도 불린다. 가죽나무는 소태나무과 소태처럼 쓰다 할 때 그 소태답게 쓴맛이 나서 못 먹는다. 게다가 이파리 뒷면에 사마귀처럼 툭 불거진 선점이 있는데, 특유의 냄새가 나 더 못 먹겠다고 한다. 한데 먹을 수 없다고 가짜라 하는 건 가혹하게 허기진 발상 아닌가. 나무는 사람 먹으라고 사는 게 아니니 말이다. 괜히 미안해져 가죽나무 이파리의 오돌토돌한 선점을 만져봤다. 향이 독특하긴 한데 고약한 줄은 모르겠다. 찬장에 아껴둔 미숫가루 냄새랄까, 비 온 뒤 피아노 건반 냄새랄까. 그냥 유일한 향이다.

생김처럼 향기 또한 저만의 것이다. 타고난 모든 것은 신神의 선사膳賜다. '씁쓸해서 못 먹겠다, 냄새 나서 못 먹겠다, 그러니 가짜!'라고 하거나 말거나 가죽나무는 하늘 향해 쑥쑥 자란다. 신들보고 어린 순 똑 따먹으라고.

가죽나무 이파리는 올려다보면 꼭 꽃 같다.

새 가지가 나면 가죽나무 줄기는 더 새까매 보인다.

수수한 가죽나무 꽃은 화려한 잎과 무성한 열매에 가려 잘 뵈지 않는다.

가죽나무 열매는 하나씩 떼어보면 프로펠러 날개 같고, 한 덩어리로 보면 그 또한 꽃 같다.

낙산공원 가죽나무

이파리 뒷면,
툭 불거진
선점에서는
독특한 향이
난다. 누구는
지독하다고 코를
막고, 누구는
그윽하다 눈을
감는다.

가죽나무는
어디서고
잘 자란다.
'천상의 나무,
신들의 나무'라는
별칭에
어울리게 높이
자란다.

├ 서방西方을 지키는 검은 무사武士

    경희궁은 잊힌 궁궐이다. 택시를 타고 경희궁에 가자고
하면 기사 중 열에 일곱은 고개를 갸웃한다. 강북삼성병원과
서울역사박물관 사이라고 일러도 '경복궁 말고 경희궁이요?'
되묻는다. 경복궁의 서쪽에 있다 하여 서궐西闕이라 불리던
경희궁은 고종이 경복궁으로 옮겨간 무렵부터 빈 궁이 되었다.
일제강점기 때 궐내에 경성중학교가 세워지면서부터는
급격히 훼손되었다. 마침내 전각까지 여기저기 팔려 나갔다.
정전正殿, 왕이 사무를 보는 궁전이던 숭정전崇政殿마저 옮겨졌다.
경복궁이 문화재청에서 관리하는 것과 달리 경희궁이 공원으로
분류돼 서울시의 관리를 받는 연유다. 애초의 숭정전은
현재 동국대학교의 법당으로 쓰이고, 1980년대 말 진행한
복원사업으로 경희궁에는 새 숭정전이 들어섰다. 현대에
지어진 조선의 궁궐에는 닳은 윤潤 없이 덧씌운 광光이 난다.
    경희궁에는 나무는 수없고 사람은 별 없다. 수많은 나무 중
가장 오랜 것은 숭정전 앞 400년 된 느티나무다. 경희궁을
짓기 시작한 때가 1617년이니 얼추 그 무렵 심었을 것이라
미루어 짐작한다. 느티나무는 불운한 왕을 지키느라 늙어버린
충신처럼 속이 다 비었다. 노모의 손등 같은 두꺼운 껍질만
남은 채 위태하게 기울어있지만 죽지는 않았다. 신령한 나무는

거대한 뿌리로 경희궁의 미약한 명운을 꽉 붙들고 있는지도 모른다.

　겨울, 짙은 빛으로 보위하던 고목古木마저 나목裸木이 되면 새 전각만 철없이 화려하다. 그제야 느티나무 너머 검은 나무가 보인다. 나무는 홀로 화염을 막아내다 그을음이 덧씌워졌는지 줄기가 새까맣다. 세 계절을 지킨 느티나무 대신 겨울 경희궁을 지키는 건, 검은 가죽나무다.

　영어권에서는 가죽나무를 천국의 나무A Tree of Heaven, 독일에서는 신전의 나무Götterbaum라 부른다. 하늘 높은 줄 모르고 잘 자라 그리 부른다. 이화동에 가면 그 이름 참 잘 지었구나, 무릎을 친다. 이화동이 기댄 125미터 높이의, 능선이 낙타를 닮았다는 낙산駱山은 서울 동쪽의 인왕산仁王山과 마주하며, 저 아래 남산南山, 저 위로 북악산北岳山과 이어진다. 서울 도심, 네 방위의 산을 동그랗게 이은 길이 바로 한양도성, 서울성곽이다.

　낙산의 서쪽 사면에 기댄 이화동은 그 덕에 일몰이 장관이지만, 해지는 방향을 향해서인지 '한양을 지키는 좌청룡'은 반백 년 만에 '서울의 마지막 달동네'가 되었다. 하나 그 덕에 전망이 재화로 환산되는 시대인데도 이화동만은 고도와 무관하게 공평하다. 다른 위도의 아랫집과 윗집은 서로의 전망을 가리지 않는다. 경도에 따라 각기 다른 전망을 가질 뿐이다. 전망 좋은 마을에서 시야를 막는 건 앞 동棟이 아니라 가죽나무다. 산기슭에서 절로 자라는 가죽나무는 이화동 빈터마다 뿌리를 내렸다. 높은 데서 자라 더 높아 뵌다. 이화동 꼭대기, 낙산공원 높은 자리에도 큰 가죽나무가 한 그루 산다. 홀로 서방西方을 지키려는 듯, 크고 고고高古하다. ✲

낙산공원

이화동
꼭대기의
낙산공원에는
잘 자란
가죽나무가
산다. 청룡
대신 서울의
서방西方을
지키는
무사답게 홀로
우뚝하다.

소리 없는 종소리

삼청공원
때죽나무

├ 땅으로 자라는 꽃

　봄에 숲에 들면 몸서리치게 좋다. 귀룽나무 새잎이 돋아날 때도 좋고, 단풍나무 수액이 줄기를 적실 때도 좋다. 그중에서도 때죽나무 꽃대에 꽃망울이 맺힐 때, 두 손을 모아 공기를 모은 듯한 자태를 보면 기절하게 좋다. 하나만이어도 좋은데, 때죽나무는 꽃도 참 많다. 조르륵 매달린 꽃은 마법사 모자를 쓴 호그와트마법학교의 신입생 같다. '너희가 마법이야' 낮게 속삭이고 집으로 돌아가는 길, 숲에 아이들만 두고 가는 게 영 마음에 걸린다. 다음날 일찌감치 가 보면, 긴 모자 속 밥줄이 얼마나 대단한지 하룻밤 사이 살이 올라있다.

　드디어 꽃이 열린다. '곱다'보다 고운 말은 없을까. 때죽나무 꽃은 처음 만난 세상이 두려운지 땅을 향해 열린다. 조심스레 연 마음 도로 닫아버릴까 '고개 좀 들어봐' 말도 못 건넨다. 대신 조용히 몸을 낮춘다. 꽃보다 낮은 자리에 앉으면 꽃이 보인다. 혹여 물들까 하여 꽃잎의 보드라운 결과 연한 빛을 오래도록 바라본다. 빛다가 색이 짙어 우유를 보탰나 싶은 꽃받침과 백색의 원형 같은 희디흰 꽃잎의 조화는 저대로 한복을 지어 입고 싶게 순하고 단아하다. 신중현이 지은 '미인'이라는 노랫말이 기차게 들어맞는 꽃. '한 번 보고 두 번 보고 자꾸만 보고 싶네'. 때죽나무 꽃 지는 게 싫어 봄을 어디

때죽나무
꽃을 제대로
보려하는데
햇빛이 자꾸
훼방을 놓는다.

붙들어 맬까도 싶다.

　며칠 사이 꽃이 만개했다. 다 핀 꽃도 하늘 볼 생각은 영 없다. 해바라기는 해를 쫓아 얼굴이 타들어가더니 땅바라기는 속이 노랗게 밝다. 갈수록 아름다워지면서 좀체 얼굴을 보여주지 않으니 애달프다. 고운 걸 내세우지 않아 더 곱다.

　봄비가 내린다. 기상 캐스터는 남부지방 가뭄 해갈에 도움이 될 단비라며 명랑하게 말한다. 하늘이 점을 치나, 토도독토도독 처마 끝 차양에 쌀알 뿌려지는 소리 오늘 따라 듣기 좋다. 그 운율에 맞춰 달각달각 설거지를 하다 단말마를 질렀다. 씻던 그릇 내던지고 숲으로 달려갔다. '그럴 리 없다, 가랑비에 떠날 리 없다. 아니 된다. 가지 마라.' 간절한 바람은 비바람에 흩어지고, 꽃으로 희던 숲 그저 푸르기만 하다. 털썩, 마음이 주저앉는다. "떠난다고 말이라도 하고 가지."

　때죽나무 꽃은 비범벅된 흙바닥에 피었던 모습 그대로 내려앉았다. 흙물이 똥처럼 튀어 보드라운 결 거칠하고 희던 빛 흙빛으로 얼룩졌다. 꽃을 깨우려는 빗줄기, 내 마음 같은데 "그리도 그리던 땅, 죽어서라도 만나니 좋으냐" 아무리 물어도 꽃은 숨이 없다. 열매 껍질을 짓찧어 물에 풀면 물고기가 떼로 죽는다 하여, 열매 모양이 한 떼의 중 같다 하여, 나무껍질이 때 탄 듯 검다 하여 때죽나무가 아니다. 땅만 바라보며 죽어 떠날 때만 기다려 '때죽'이다.

ㅏ 꽃을 못 잊어
───────────

 꽃 진 자리, 다시 생명이 차오른다. 새끼는 어미를 닮는 법. 열매는 꽃망울과 꼭 같은 모습이다. 하룻밤에도 토실토실 살이 오르던 꽃망울과 달리 어미 떠난 자리의 새끼는 제 몸을 키우지 못한다. 속울음을 우는지 푸른빛이 처연하다. 꽃받침으로 살다 꽃과 이별한 깍정이는 열매를 받치면서부터 연푸른빛을 잃고 충혈된 눈자위처럼 붉어졌다.

 여름내, 아이는 어미 떠난 땅만 바라본다. 6월의 남풍, 7월의 광채, 8월의 장마를 함께 맞았지만 열매는 '깍정이가 붙들지 않았다면 진작 떠났을 텐데' 그 생각뿐이다. 그 힘으로 여물어가는 줄은 모르는 채. 9월, 열매는 이제 정말 떠나겠다며 온몸을 흔들어댄다. 가녀린 깍정이, 안간힘으로 위로는 가지를, 아래로는 저보다 열 배는 큰 열매를 꽉 붙든다. 온 산의 때죽나무 열매, 그리 어미에게 가겠다고 몸부림친다. 얼마나 울어대는지 푸른빛이 하얘져 'Snow Bell'이 되고도 울음을 그치지 않는다. 소리 없는 종소리, 온 산에 저렁저렁하다.

꽃과 열매는
보통 달리는
자리만 같은데,
때죽나무는
모양까지 쏙
빼닮았다.

때죽나무
새잎은 기름을
바른 양
반질반질하다.

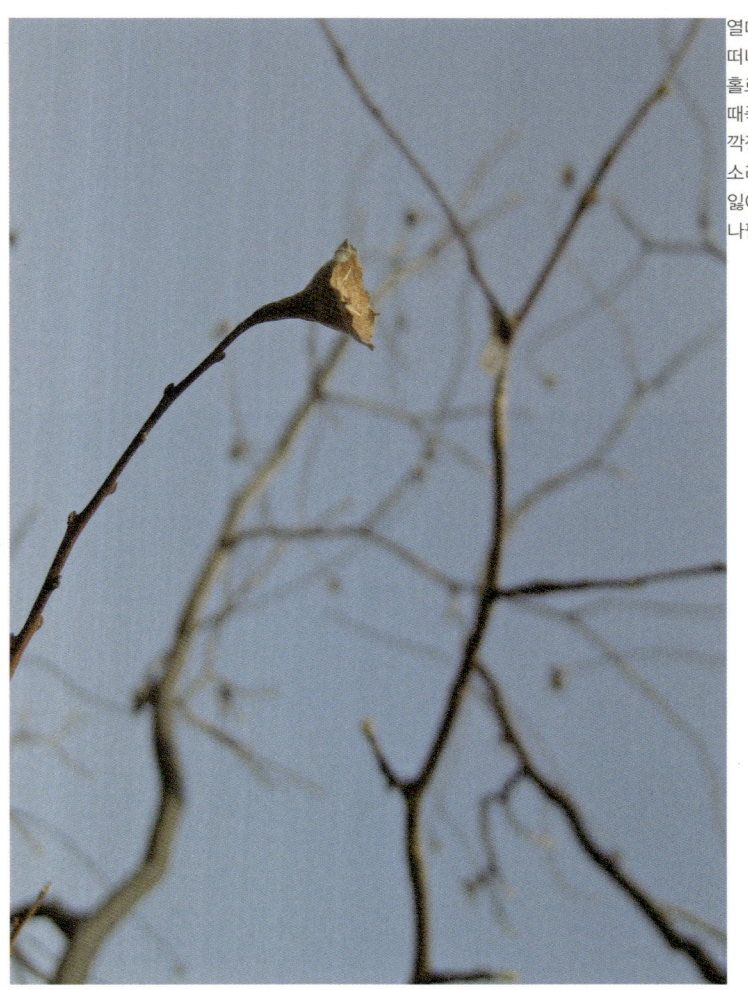

열매
떠나보내고
홀로 남은
때죽나무
깍정이는
소리를
잃어버린
나팔이다.

10월, 온기가 물러가고 한기가 스며든다. 어느 아침, 말라붙은 열매 껍질 '투둑' 땅을 향해 갈라진다. 그 소리에 깍정이, 그만 눈을 감고 열매는 물기 하나 없는 속을 드러낸다. 열매 껍질에 독이 배인 건, 여름내 열매의 독기를 품은 탓인가. 그 독이 얼마나 깊은지 물에 풀면 물고기, 헤엄을 멈춘다. 11월, 깍정이가 마지막 사정을 한다. '지금 가면 다시는 못 태어난다.' 12월, 마를 대로 마른 깍정이 위로 첫눈이 내린다. 행여 열매가 젖을까 막아보려 해도 비쩍 마른 몸은 꿈쩍도 않는다. 눈 녹은 물, 열매를 적시고 만다. '꽃받침으로 꽃 피워 보내고, 깍정이로 열매 키워 보냈으니 내 할 일 다했구나. 너와 다시 만날 날 오려나.' 더는 도울 것이 없는 깍정이, 열매와 이어진 탯줄을 툭 끊어낸다.

　지상에 안착한 열매는 어미 품을 파고들 듯 낙엽을 헤집어 땅으로 땅으로 파고든다. 어미 바스러진 땅에는 열매가 그토록 그리던 어미의 향이 자욱하다. 공중에 매달린 채 말라 죽은 깍정이는 가루가 되어서도 열매를 덮어준다.

　이듬해 봄, 때죽나무에 다시 꽃이 핀다. 소리 없는 종소리, 다시 온 숲을 울린다. ✲

높은 넋을 기려

선유도공원 · 서대문독립공원
양버들

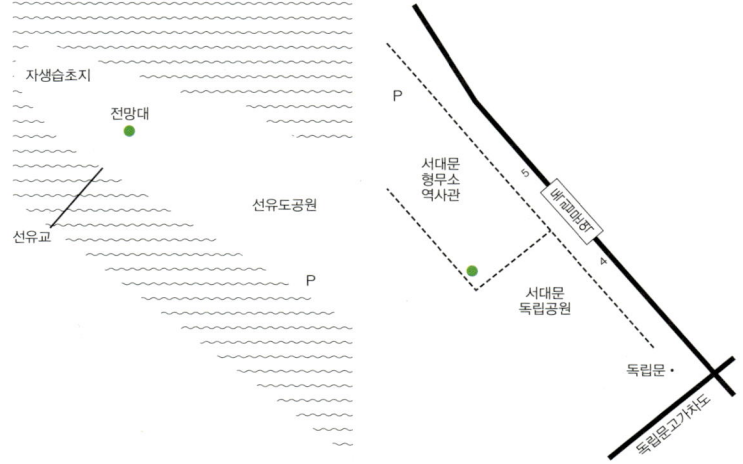

├─ 양버들 꼭대기에 조각구름 걸리었네

　'버들을 아는 대로 대시오!'라는 상식 문제가 나온다면
몇 개나 답할 수 있을까. 두어 개나 댈까 했는데 생각보다 많이
떠오른다. 수양버들, 능수버들, 갯버들, 왕버들에 이어 용버들,
쪽버들, 키버들, 호랑버들 같은 이름도 새어 나온다. 이름에
버들이 들어가는 나무는 의외로 아주 많다. 꽃버들, 내버들,
눈갯버들, 눈산버들, 닥장버들, 당키버들, 들버들, 떡버들,
매자잎버들, 반짝버들, 분버들, 선버들, 섬버들, 쌍살버들,
여우버들, 육지꽃버들, 제주산버들, 진퍼리버들, 참오글잎버들,
콩버들, 큰산버들 등. 하나 같이 그리면 아득해지는 이름이다.

　버드나무를 포함해 이 모든 버들은 버드나무과^{Salicaceae}다.
그리고 버드나무과의 당버들속^{populus}에는 사시나무,
양버들, 은백양, 은사시나무, 이태리포플러, 황철나무처럼
버드나무와는 조금은 다른 모습의 나무가 속한다. 널리 알려진
'미루나무'도 당버들속이다. 한데 미루나무라고 여긴 나무는
실은 양버들일 확률이 높다. 미루나무로 받아들인 나무의
수형은 양버들의 수형과 일치한다. 양버들은 딱 시골집
바람벽에 세워놓은 싸리비처럼 생겼다. 상승기류에 시달린 듯
온 가지가 줄기 따라 수직으로 치솟는다.

　양버들과 미루나무 사이에서 태어난 이태리포플러는

엇비슷한 모습의 수양버들과 능수버들은 늘어져 멋스럽기는 마찬가지다.

왕버들은
한눈에도
우람하고,
용버들은
한눈에도
구불구불하다.

양버들에 비해 수형이 옆으로 넓게 퍼진다. 양버들과
이태리포플러와 달리 미류나무는 종적種跡을 찾기 어렵다.
미국에서 온 버드나무라 하여 미류美柳나무가 되었는데,
도로 미국으로 건너갔는지 보기 드문 나무다. 동요 속
조각구름이 걸린 나무도 미류나무가 아니라 양버들일 것이다.
세잔의 '포플러나무 Les Peupliers'나 모네의 '포플러 연작 Série des
Peupliers'의 한국어 번역도 바뀌어야 할 테고. 정답이려니 하고
받아들인 것 중에 오답은 얼마나 많을까. 양버들을
올려다볼 때처럼 하염없어진다.

물가에 선
수양버들은
시흥詩興을
돋운다.

├ 나도 한때 산이었다

선유도공원 전망대에 사는 나무도 미류나무가 아니라 양버들이다. 선유교를 건너오면 곧장 만나는 키 큰 나무들. 지상에서 한참 떨어진 전망대는 마치 공중에 떠있는 뱃전 같은데, 양버들은 전망대 바닥에 뚫어놓은 구멍을 지나고도 한참 더 자라있다. 지상이었다면 어림도 없을 나무의 정상부를 볼 수 있어 마치 직박구리가 된 듯 기분이 날아간다. 전망대 바깥에도 비슷한 키의 양버들이 몇 그루 더 있다.

문득 강바람 불어오니 양버들 이파리 앞뒤로 뒤집힌다. 매끄러운 마름모꼴 이파리가 일제히 뒤척인다. 소박하면서도 찬란한 카드섹션. 윗잎, 아랫잎과 부딪히고 오른 잎, 왼 잎과 부딪힌다. 문득 양버들이 바람에게 묻는다. "날 기억하니?"

선유도仙遊島는 지금은 섬이나 원래는 산이었다. 겸재 정선의 '선유봉'이라는 작품에는 선유도의 옛 모습이 남아 있다. 당시에는 고양이산, 줄여서 괭이산이라 불렀다더니 얌전히 앉은 고양이의 자태를 닮은 산세가 요염하다. 야트막한 산은 돛단배 뜬 강과 어우러져 평화롭다. 사람과 말과 짐을 내려놓은 뱃사공이 떠나온 양화나루로 되돌아가는 한가로운 풍경에서 머지않은 세기에 벌어질 이 아름다운 봉우리의 수난은 아무도 예견하지 못했다.

겸재 정선,
'선유봉'.
수묵채색,
23×25cm,
개인 소장

선유도공원 전망대에는 잘 자란 양버들 여러 그루가 모여 산다.

    1925년, 큰 홍수에 선유봉이 잠겼다. 살던 이들 못 살겠다 떠나고 산만 덩그러니 남았다. 10여 년 뒤, 일제는 인근 여의도비행장 가는 길을 만든다면서 선유봉에서 돌을 캐갔다. 광복光復이 되었지만 선유봉에는 다시 빛이 들지 않았다. 이번에는 미군이 인천 가는 길을 만든다며 또 돌을 캐갔다. 마침내 대한민국 정부가 들어섰으나 회생의 꿈은 무참히 짓밟혔다. 제2한강교 지금의 양화대교가 공중을 가르면서 끝내 무너져 내린 산은, 섬이 되었다. 그리고 밀레니엄의 첫해까지 서울 서남부 지역에 수돗물을 공급하는 정수장이 들어섰던 선유도는 2002년, 공원이 되었다. 그 옛날 시인 묵객이 즐겨 찾던 명승이 시민의

거꾸로
세워놓은
싸리비처럼
생긴,
미류나무라고
알려진 나무는
대부분
양버들이다.

뜨락이 되었으니 마냥 기뻐해야 하나. 정수장 구조물을 그대로
살려 국내 최초의 '재활용생태공원'이 되었지만 재활용은 몰라도
생태는 선유봉이 들어선 안 될 말 같다.

    다시 강바람이 불어온다. 양버들은 어김없이 화답한다.
그리고 다시 바람에게 묻는다. "선유봉 아래 그 나무,
기억하니?" 정선의 그림을 다시 들여다보았다. 그제야
산자락의 소나무 말고 강가의 버드나무가 보인다. 버드나무인지
수양버들인지 왕버들인지는 모르겠으나 버드나무과의
나무인 것만은 분명해 보인다. 양버들이 다시 묻는다.
"바람아, 나 선유봉 만큼만 자라게 해다오."

양버들은
선유봉을
기억하라는
깃대다.

ㅏ 못 잊어 산다

　서대문독립공원은 서대문형무소 주변에 조성한 공원이다. 한길보다 지대가 높고, 안산 자락에 있어 지하철역 앞이어도 번다하지 않고 고적하다. 공원 중간의 칠엽수 아래에는 장기판이 벌어지고, 공원 너머 이진아기념도서관 앞 느티나무 아래에는 아이들이 뛰어논다. 칠엽수 열매를 줍다가 느티나무를 보러 가는 길, 오른편 울타리 너머 서대문형무소역사관 '통곡의 미루나무'가 마음을 붙든다. 1923년, 사형장을 만들 때 함께 심었다는 저 나무의 죄목은 무엇일까. 그 죄가 얼마나 중하기에 무고한 이들이 저를 붙들고 이생의 한을 토하고, 저는 그들이 지척에서 죽어가는 소리를 들어야 했을까.

　애처로운 눈으로 서대문형무소역사관으로 들어섰다. 미류나무라고 알려진 양버들 앞에 섰다. 나무 앞에는 사형장으로 향하는 애국지사의 모습을 담은 조각상이 서있다. 포승줄에 묶인 채 끌려가다 뒤돌아보는 뒤태가 심장을 긋는다. 사형장 담벼락에 도착했을 때, 그가 마지막으로 보려 한 것은 무엇일까. 지나온 곳은 온 나라가 감옥인데도 형무소까지 끌려와 그곳에서도 한 평도 안 되는 독방, 빛 한 줄기 들지 않아 먹물처럼 검은 먹방이고, 가야 할 곳은 그보다 더 검은

서대문형무소에도
양버들
두 그루가 산다.

담장 안팎에
선 양버들은
사형장에
가까울수록
병색이 짙다.

산유도공원 · 서대문독립공원

양버들

죽음의
길목에서
그가
뒤돌아본
것은
무엇일까.

사지인 순간에. 허망으로 가득한 마음과 진작 녹은 애간장이
고통을 덜어줄 줄 알았건만 죽어야 할 순간, 살아야 할 이유가
떠오른 그는 나무에 기대어 울 수밖에 없다. "내 못 다한 생,
너에게 주마. 그러니 어머니, 울 어머니에게 하직 인사도
못 드리고 떠나는 이 불효자식 부디 잊고 사시라, 그리 꼭 좀
전해다오." 양버들은 이룰 수도, 잊을 수도 없는 원통한 바람을
기억한 채 죽어가듯 살아있다.

    사형장 담장 밖의 양버들에 가려 보이지 않았던 담장 안
양버들은 같은 때 심었다는데 키도 영 작고 이파리도 듬성한 게
병색이 짙다. 비록 이목구비 하나 없으나 땅과 하늘의 기운으로
살아가는 나무는 제가 선 천지간에 무슨 일이 일어나는지
다 안다. 그 나무의 통곡은 아무도 들어주지 않는다. ✶

제가 뭘 잘못했죠

안산공원
아까시나무

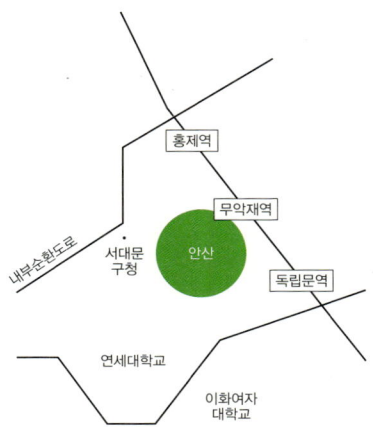

├ 층 없는 층층나무

　화폭을 찢고 나온 인왕산의 수려한 자태에 가려 안산鞍山을 보지 못했다. 안산은 300여 미터로 높이는 낮아도 온 사면에 사람이 기대 사는 품 넓은 산이다. 안산 가까이 사는 이들은 잘 자란 자식인 양 안산을 자랑하곤 했다. "딱히 어디가 좋다고 말하긴 어렵지만 무척 좋은 산이에요." "매일 새벽 안산에 오릅니다. 20년을 다녔는데도 늘 새로워요." "안산 때문에 그 동네를 못 떠난다니까."

　조선 건국 당시 도읍지 후보였다는 어제의 사실과 오늘의 찬사에도 꿈쩍 않던 마음은 '층층나무 숲' 한 마디에 대번 돌아섰다. 물어물어 숲의 위치를 알아냈다. 가파른 서대문구청 옆길로 10여 분 오르니 '안산자락길'이라는 이름의 나무 덱deck 길이 산을 횡단하고 있었다. 2013년 11월 개통된 7킬로미터 길이의 '무장애 길'은 계단 없이 완만해 보행약자는 물론이고 휠체어를 타고도 산을 한 바퀴 돌 수 있다. 나무 덱까지 오르기가 쉽지 않아 실효성에는 의문이 들지만 당장에는 그럴싸해 보인다. 높아만 가는 기대감을 다독이며 숲에 들었다.

　분명 메타세쿼이아 숲 옆이라고 했는데 층층나무 숲은 영 뵈질 않는다. 지나쳤나 싶어 도로 내려가면 들었던 자리고, 더 올라가니 무악재 넘어가는 고갯마루다. 헛소문이었나 싶어 도로 집에 가려는데 어린 층층나무 한 그루가 보인다. 층층나무는 같은 높이의 줄기에서 가지가 돌려 나오고 그런 식으로 원을 이룬 가지가 몇 개의 층을 이루는 멋스러운 나무다. 지금 사는 동네에도 잘 자란 층층나무가 한 그루 있는데, 돌아가는 길이어도 애써 그 앞으로 지나다닌다. 층층나무의 규칙성은 언제 봐도 경탄스럽다.

      어린 나무가 있으니 숲이 이 근처렸다, 하며 공중을 둘러보고서는 기함하고 말았다. 방금 오르내린 길의 한쪽, 수십 그루의 나무로 빽빽한 그곳이 층층나무 숲이었다. 나무 사이 간격이 조밀해 줄기만 가지런할 뿐, 층층나무의 층을 이룬 가지는 저 높은 꼭대기에 기미만 남았다. 층층나무가 잘 자라려면 느티나무처럼 꽤 너른 공간이 필요한데, 마치 대나무 심듯 다닥다닥 심어놓았으니 뒤집어놓은 우산살처럼 넓게 뻗쳐올라야 할 나무는 연필 자루가 되었다. 열뜬 마음을 식히려 서둘러 메타세쿼이아 숲으로 갔다. 메타세쿼이아 숲도 사정은 마찬가지. 부족한 빛을 찾아 나무는 높이 솟아있다. 나무 볼 낯이 없어 땅만 바라보며 산을 내려왔다.

층층나무는 줄기의 한 부분에 몰려난 가지가 층을 이뤄 아름다운데, 안산공원의 층층나무는 층 없이 쭉 뻗어 대나무인가 했다.

안산공원

아까시나무

185

├ 뉴스를 말씀드리겠습니다

　안산의 오늘은 늘 보도되어왔다. '안산, 나무' 두 단어로 검색한 뉴스 목록이 곧 안산의 내력이다. 1970년대의 안산은 녹화시범장이었다. 어찌나 빈산이었던지 나무를 심고 또 심어도 산에는 빈자리가 남았다.

"서울시는 푸른 서울 가꾸기 운동을 벌이기로 하고 200만 그루의 나무, 50만 포기의 꽃을 심고 10만 평에 잔디를 입히기로 했다. 또 서대문구 안산 북악지구 등 산지에는 27만5000그루를 심는다고 밝혔다." 〈동아일보〉 1971년 4월 5일

"서대문구 새마을직장단위협의회는 안산에 잣나무 4000여 그루를 심었다. 관내 40개 새마을직장 간부 400여 명이 참여해 시범 식수를 하고 사후관리까지 책임지기로 했다." 〈경향신문〉 1974년 4월 10일

"식목일이자 절기 상 청명에 전국 각지에서 공무원, 국영기업체 임직원, 각 직장과 학교, 군부대 등에서 나온 300만 명이 3100만 그루의 나무를 심었다. 한편 무궁화심기운동본부 회원 3000여 명은 안산에 무궁화 3만 여 그루를 심었다." 〈동아일보〉 1979년 4월 6일

"무궁화광으로 알려진 무궁화심기운동중앙회회장 김석겸 씨가 고향 진양군 현재의 진주시 에서 동양에서 가장 오래된 무궁화를 발견, 내년 안산에 조성될 24만 평 규모의 무궁화시민공원에 옮겨 심을 계획을 밝혔다." 〈경향신문〉 1979년 5월 30일

1980년대에 접어들면서 아시안게임과 올림픽을 앞둔 도시는 '푸른서울가꾸기' 사업으로 분주했다. 온 서울의 산과 길과 공원에 나무를 심었다. 1990년대 들어서야 나무를 함부로 심으면 산이 힘겨워한다는 것을 깨달았다.

"안산에는 1990~91년, 두 차례 시행녹지경관림 조성사업이 펼쳐졌다. 식물생태 전문가를 대동하고 취재한 결과, 서대문구청이 주관해 3만4000여 그루를 심어놓은 경관림은 토질, 대기오염 등 생태환경을 고려하지 않아 예산만 낭비한 것으로 결론났다. 1960년대 식목사업으로 겨우 회복 단계에 접어든 자연 생태계를 다시 훼손할 가능성이 큰 것으로 판명났다. 아까시나무, 상수리나무, 팥배나무, 개나리 등 자생수종이 군락을 이루지만, 줄 맞춰 심은 잣나무, 뱅크스소나무, 독일가문비나무, 느티나무, 느릅나무, 복자기 등 22가지 묘목 대부분이 버팀목에 의지하고 있다. 서울시가 2년 동안 5억 이상을 들인 경관림은 한마디로 실패였다."〈한겨레〉1991년 11월 8일

"1982~1991년까지 진행된 푸른서울가꾸기 사업은 속성수 위주로 나무를 심어 서울 일원의 녹지를 일단 푸르게 하자는 것이 목표였다. 두 차례에 걸친 5개년 녹화 계획으로 총 956억 원의 사업비를 들여 모두 5887만 그루가 심어졌다. 1992년부터는 단순녹화에서 경관녹화로 다음해부터는 보기 좋은 나무로 바꿔 심는 사업이 진행됐는데, 1960년대 이래 응급조치 차원에서 심어놓은 속성수가 각종 문제를 드러내 녹화 효과를 반감시켰다."〈경향신문〉1992년 3월 28일

감히 오를 수 없던 북악산과 인왕산에 비해 안산은 만만했다. 전직 대통령 여럿이 인근의 연희동에 거주한 것도 안산 녹화를 부추겼다. 이러저러한 이유로 안산은 녹화 사업과 경관림 조성이라는 미명 하에 함부로 해쳐졌다. 산의 생태는 뒷전, 희한한 전시 행정은 계속되었다.

"안산에 900제곱미터 규모의 기념식수단지가 조성된다. 출생, 결혼, 합격 등 경사를 기념한 나무 심을 공간을 마련한 것이다. 서대문구는 이곳에 유실수, 풍치수, 화목류 등 1700그루를 심을 계획이라고 밝혔다." 〈한겨레〉 1997년 2월 1일

이런 가운데 몇 년 전, 경기도 안산에서도 웃지 못할 뉴스가 전해졌다.

"안산시가 도시의 역사보다 오래된 것으로 보이는 고잔동 민속공원 내 수령 50년으로 추정되는 아까시나무를 뿌리가 넓은 천근성 수종이라는 이유로 벌목해 시민들의 아쉬움이 이만저만이 아니다. 아까시나무를 베어낸 자리에는 뿌리가 깊은 심근성 수종, 소나무와 모과나무 등 유실수 일부를 심는 것으로 알려졌다." 〈안산타임스〉 2012년 4월 4일

*신문 기사는 분량 조절과 표기법 적용으로 다소 편집되었음을 밝힌다.

2015년, 모래흙과 바위로 된 척박한 토질의 안산을

척박한 땅에서도 잘 자라는 아까시나무는 척박한 안산공원을 푸르게 만들었다.

아까시나무는
줄기가
버석하고
가지마다
사나운 가시가
돋지만,
잎과 꽃만은
향기롭고
보드랍다.

지탱하는 건 바로 그 아까시나무다.

├ 세상에 나쁜 나무는 없다

　　아까시나무는 뿌리가 옆으로 넓게 자라는
천근성淺根性이다. 그에 비해 아까시나무에 대한 오해의
뿌리는 심근성深根性이다. 다른 나무를 못 자라게 한다더라,
조상의 관 뚜껑을 움켜쥐고 있었다더라, 없애도 없애도
되살아난다더라 등 주로 질기고 억센 나무라는 인식이
지배적이다. 아까시나무는 저만 살고자 하는 '나쁜 나무'라
여겨졌다. 단내가 강한 꽃향기조차 지린내 같다고 욕을 들었다.

　　뿌리가 넓게 자라는 건 마치 나무껍질의 색상처럼 타고난
특징이다. 검은 수피가 때가 아니듯, 아까시나무 뿌리가 넓게
자라는 건 다른 나무 죽이고 저만 살고자 해서, 누구네 조상에
앙심을 품어서, 불사목不死木이어서가 아니다. 뿌리가 넓게
자라니 다른 나무가 뿌리 내리기 쉽지 않고, 옆으로 번져간
길에 하필 관이 있어 뚜껑을 타고 넘은 것뿐이다. 아까시나무
뿌리가 침범하는 것을 막으려면 땅 둘레에 홈을 파놓으면
된다는데, 제 손으로 제 눈을 가린 사람은 도끼 들고 숲으로
갈 뿐이다.

　　일제강점기에 처음 이 땅에 들어온 아까시나무는 토질을
가리지 않고 잘 자라는 성질 덕에 황폐화된 산지에 급히
심어졌다. 1960년대, 박정희가 정권을 잡고 있던 때에는
사방조림砂防造林, 황폐한 산지에 나무를 심어 토양을 보존하고 지력을
유지·증진하려는 조림 방식을 위해 대거 심어졌고, 노태우 정권
때는 다시 대거 뽑혔다. 유해수종이라는 깊은 오해는 결국
조림 중단, 땔감용 벌채 등의 형벌로 이어졌다. 아까시나무는

봄날, 공중은
아까시나무
꽃향기로 가득
차고 길은
아까시나무
꽃잎으로
뒤덮인다.

마구잡이로 심어지고 무참하게 베어졌다.

　　21세기가 되어서야 아까시나무의 여러 효용이 알려지면서 또 다시 숲이 만들어지고 있다. 국립산림과학원에 따르면 우리나라에는 총 360만 제곱미터 면적의 아까시나무 숲이 있는데 이곳에서 흡수하는 총 이산화탄소 양은 917만 톤에 이르며, 이는 중형차 382만 대가 1년 동안 배출하는 이산화탄소 양에 버금간다. 또 아까시나무는 밀원蜜源으로서의 가치도 뛰어나다. 강릉시와 동부지방산림청은 2013년부터 2년 간 강릉시에 축구장 12배 크기의 단지를 조성해 아까시나무 수만 그루를 심었다. 실제 아까시나무는 매년 양봉농가에 1000억 원 이상의 수입을 올려주고 있다.

　　안산에 애써 심은 나무와 숲은 손 닿은 흔적이 역력한데, 아까시나무와 그 숲만은 자연스럽다. '아까시산'이라고 불리는 연유를 알 만하다. '이 땅을 망치려고 소나무 벤 자리에 심은 나무'라는 오해와 편견에도 아까시나무는 특유의 생명력으로 꿋꿋이 살아남았다.

　　아카시아나무라고 잘못 불러도 가시 달린 가지로 후려치지 않았다. 아까시나무의 학명은 '*Robinia pseudoacacia*'인데, 여기서 '*pseudo*'는 '가짜'라는 뜻이다. 아카시아나무가 아니라는 뜻에서 영어로는 'False Acasia'라고 쓴다. 그중에서 딱 아카시아만 골라 부르는 무지한 한국인에게 아까시나무는 오만 것을 내주었다. 척박한 산지에 뿌리내려 녹음을 선사했고 더러운 공기를 걸러주었다. 땔감이 되어 방과 밥을 데우고, 꽃을 피우고 꿀을 내렸다. 그래 봐야 "아, 가시가 많아 아까시구나" 소리나 듣는데도 오늘도 거친 땅에서 뿌리를 넓혀갈 뿐이다. ✳

망토를 메고
롤러를 타자

여의도공원
피나무

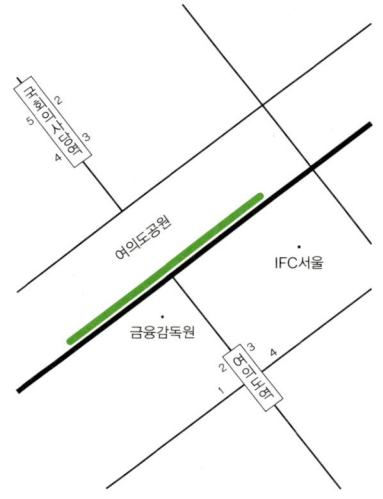

├   숲해설, 들어보셨나요?

    피나무 열매는 볼 적마다 '왜 망토를 두르고 롤러블레이드를 타는 아이처럼 생겼을까' 의아했다. 지난여름, 광릉수목원에서 숲해설가 현장실습을 하면서 그 연유를 알게 될 때까지.

    광릉수목원 정문 앞에는 통나무집이 하나 있다. 숲해설가들이 모인 작은 쉼터다. 실습생은 그곳에서 대기하고 있다가 해설가 선생님이 숲해설을 할 때 동행한다. 광릉수목원은 숲해설 시각이 정해져있지 않고, 숲해설 신청에 별다른 제약이 없어 언제든 누구든 숲해설을 들을 수 있다. 수목원에 입장하려면 예약을 해야 하나 숲해설은 신청 즉시 바로 들을 수 있다. 숲해설 신청자의 수나 구성이 제각각이라 노련한 숲해설가도 애를 먹곤 하지만, 실습생에게는 참 많은 공부가 된다.

    평일 한낮, 숲해설을 신청한 네 명의 여고 동창생의 마음을 잡아끌 주제는 무엇일까. 해설사 선생님은 당황하는 기색 하나 없이 여유롭게 해설을 시작했다. 우리나라 최초의 국립수목원인 광릉수목원은 세조와 그의 왕비, 정희왕후가 묻힌 광릉에 딸린 숲으로 500여 년간 왕실림으로 관리되어왔으며, 한국 근현대사의 파란을 운좋게 비껴가

지금껏 잘 보존되었다는 간단한 소개를 마치고 곧장 숲에
들었다. 선생님은 대뜸 열두 장 화투 패에 어떤 초목이
등장하는지 물었다. 일본 화투에는 억새가 그려져 있지만
우리네 화투에는 달이 그려진 8을 빼고 화투의 모든 패에
나무와 풀이 등장한다.

    1은 소나무, 2는 매실나무, 3은 벚나무, 4는 등나무,
5는 창포, 6은 모란, 7은 싸리, 9는 국화, 10은 단풍나무,
여기까지는 다들 얼추 맞춘다. 그러나 11과 12는 도통
모르겠다는 표정이다. 느긋이 산책이나 할 심산이던
동창생들은 정신을 퍼뜩 차리고 11과 12의 화투 패를
떠올리느라 눈을 크게 뜬다. "똥이 나무였니?" "비에는
저승사자밖에 안 나오잖아?" 설왕설래하다가 총기 어린
누군가 11을 놓고 "혹시 오동나무?"하는 순간 해설사 선생님이
'옳거니!' 박수를 친다. 남은 12를 맞추겠다는 일념에 나머지
동창생의 박수 소리에는 영 맥이 없다. 힌트를 달라며
애교를 부리는 사람, 골몰하느라 걸음을 멈추는 사람, 그냥
답을 알려달라 보채는 사람 등 겨우 네댓이어도 반응 한번
제각각이다. 결국 해설가 선생님이 비광의 우산 쓴 이는 이름난
서예가이며, 그 옆에 있는 개구리는 나무를 타고 오르려다가
미끄러진 모습이라며 화투 패를 말로 그려주었다. "화투가
계절과 관계있나?" 혼잣말을 하던 이가 "혹시 버드나문가?"
낮은 소리로 정답을 맞추었다. 그렇게 1부터 12까지 열두
초목을 훑고 난 동창생의 얼굴에는 여고 시절의 활기가
차올랐다.

    유희적 교양을 든든히 채웠다면 이번엔 문학적 교양을
채울 차례. 다양한 시 레퍼토리를 가진 선생님은 해설할 나무
앞에 서면 자동안내시스템처럼 시를 줄줄 읊었다. "(전략)
물푸레나무 아래서 / 이 나무가 무슨 나무냐고 물었듯이 /
사랑이여 / 나는 그대가 사랑인 줄 몰랐다 (후략)"는 박정원의
'물푸레나무'를 읊자, 듣는 이들 모두 나무를 아득한 눈길로

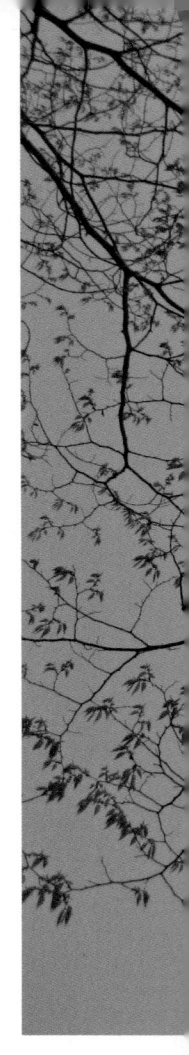

여의도공원의
봄은 피나무
새잎과 함께
터져 나온다.

바라보았다. 시 낭송이 끝나면 "오빠!" 소리 나올까 걱정했는데, 눈가가 촉촉해진 한 친구의 여린 감성을 타박하는 것으로 해설은 유쾌하게 끝이 났다.

　가족 단위 신청자는 연령과 직업이 다채로워 어느 쪽에 초점을 두어야 하나 걱정이었는데, 아동이나 청소년의 교육에 유익한 내용을 전하면 낭패가 없다는 것을 알았다. "저 위 동물원에 가면 장쩌민 수석이 한중수교 기념으로 선물한 백두산호랑이가 있어요. 암컷은 진작 죽고 수컷만 남아있어요. 안타깝게도 건강이 나빠 수컷도 그리 오래 살지 못할 것 같아요. 어쩌면 오늘이 백두산호랑이를 실제로 볼 수 있는 마지막 기회일지 모릅니다." 체험교육에 혹한 부모는 조부모의 시무룩한 표정을 살피지 못한 채, 발을 끌며 칭얼대는 아이 손을 잡아끌고 먼 동물원으로 향한다.

├ 아가야, 멀리 가뿐져

　덩굴식물 줄기가 스친 자리에 시뻘겋게 풀독이 오르고, 산딸기 따먹으려다가 뱀허물쌍살벌에 우다다 쏘이고, 아침에는 쌩쌩해도 집으로 돌아가는 길에는 무슨 중노동 한 사람처럼 곤죽이 되었던 네 명의 실습생은, 종일 해설을 하고도 명랑한 목소리로 햇볕에 몸 말리던 까치살모사 이야기를 친구의 근황처럼 전하는 숲해설가 선생님이 그저 존경스러웠다.

　보름간의 실습이 막바지에 다다른 날, 효도관광 온 낙천마을 부녀회를 뒤따르느라 오전부터 이미 지쳐버렸다. 수박 한 조각 얻어먹고 기운 차려 다음 해설을 따라나섰다. 다행히 이번 신청자는 단출하다. 총 두 조, 네 명이다. 한 쪽은 연인, 한 쪽은 모녀로 추정되었다. 모처럼 가뿐한 인원수에 실습생의 발걸음은 가벼운데 모녀 중 어머니의 표정이

피나무 열매에는 연미복 뒷자락 혹은 긴 베일 같은 포가 달려있다.

심상찮다. 딸네 손에 이끌려 비싼 속옷가게에 끌려온 태다.

    기분 좀 풀어드릴까 싶어 "어머니, 날씨 좋죠?" 물으니 "머리털 나고 숲해설이라는 거 첨 들어유" 엉뚱한 답이 돌아왔다. 나무는 불 때는 땔감으로 종별로 숱하게 다뤄봤고, 없는 살림에 새끼들 먹여 살리느라 안 뜯어본 약초가 없으니 '숲해설을 하면 내가 해야지' 하면서도 오랜만에 효도하겠다는 딸내미 앞길을 막을 수도 없어 난감한 어머니는 "쟤는 불붙이면 겁나게 잘 타유. 저거 무쳐 먹으면 참말로 단디. 세상 참 좋아졌네. 나무가 상전이네유, 상전!" 한 마디씩 덧붙이며 자꾸만 뒤처졌다.

    1시간 동안의 숲해설이 끝나갈 무렵, 해설가 선생님이 큰 피나무 아래에서 떨어진 열매 하나를 주웠다. 피나무 열매는 연미복인 듯, 베일인 듯 열매자루에서 부드러운 곡선을 그리며 아래로 이어지는 열매포가 독특하다. 선생님은 열매를 하늘을 향해 높이 날렸다. 열매는 공중돌기를 하다가 천천히 땅으로

피나무 잎은
큰 심장
모양이다.
쿵쾅쿵쾅,
박동소리는
나지 않는다.

내려왔다. 마구잡이로 던져도 곧 무게중심을 잡아 아래로
향했고, 그럼 곧장 긴 포가 뱅그르르 원을 그리며 빠르게
회전했다. 그리 높이 날리지도 않았는데 열매는 꽤 멀리
날아갔다. 그 모습을 보던 어머니는 자기도 모르게 '아'
감탄사를 발음했다. 땔감 그러모으고 약초 캐느라 등 뒤의 열매
나리는 것 볼 새가 있었으랴.

"이게 피나무 열매인데, 참 희한하게 생겼죠? 이 별난 모양은 피나무의 지극한 모성 때문에 생겨난 겁니다. 열매가 어미 가까이 떨어지면 햇빛도 잘 못 보고 비도 많이 못 맞을 테니까 한 치라도 더 멀리 보내기 위해 이런 모양을 만들어낸 거죠. 모든 나무가 그렇듯 피나무 열매에도 자식을 떠나보내는 어머니의 마음이 담겨 있습니다."

처음으로 숲해설에 귀 기울인 어머니의 눈가에 얕은 물이 고였다. 한 마디만 더 보태면 고인 물 넘칠 양인데 그도 잠시, 다부지게 울음을 꿀떡 삼킨 어머니는 앞서 가던 딸을 불러 세웠다. "아가, 뭐햐? 안 바쁘면 나 이것 좀 찍어줘이. 내가 열매를 내뿌리면 다시 떨어질 때 열매랑 나랑 같이 나오게 찍어야 헌다." 딸은 어머니의 주문에 놀라워하다가 이내 기쁜 표정을 지었다. 어머니는 조금 전 해설사 선생님이 했던 대로 피나무 열매를 공중으로 높이 날렸다. 그때, 열매를 더 멀리 보내려 까치발을 하던 어머니의 발은 참 작았다.

달콤한 향의 피나무 꽃이 지면 곧 야무진 연둣빛 열매가 맺힌다. 열매는 새잎 나도록 매달려있기도 한다.

여의도공원의
너른 숲
너머에는
거대한
빌딩숲이
솟아 있다.

├ 목줄을 풀고 하늘을 날아
───────────────

　　은행과 증권사 잡지를 만들면서 여의도에 자주 드나든
때가 있었다. 밝은 길눈이 무색하게 여의도에 가면 동서남북
구분을 못했다. "서울 시내에 암만 다녀도 길이 헷갈리는
동네가 두 군데 있어요. 목동하고 여기 여의도"라는 택시기사의
말을 듣고서야 어깨를 폈다. 미로 같은 길 옆에 나무 대신 숲을
이룬 빌딩은 볼 적마다 넓어지고 높아져 놀라웠다. 여의도
은행가에서 일하는 대학 후배를 만나러 큰 교회 앞 이름난
식당에 갔을 때, 또 한 번 놀랐다. 너른 식당 안은 만석이었다.
그런데 그 수많은 사람이 다 한 사람이었다. 후배에게 물었다.
"회사에서 셔츠랑 넥타이랑 다 주는 거야? 이발도 해주고?
왜 다 스미스요원이야?" 후배는 자세히 보면 조금씩 다르다며
크게 웃었다.

　　나무와 숲을 배운 숲연구소가 경희궁 옆에서 국회의사당
앞으로 옮겨 오면서 다시 여의도를 드나들었다. 여의도공원을
실습장 삼았다. 공원은 여의도비행장의 활주로였다더니
마포대교 사거리에서 여의교차로까지 1.4킬로미터 길이로 길게
이어진다. 5·16광장이었다가 여의도광장이었다가 1999년
1월, 비로소 여의도공원으로 변모했는데, 광장의 흔적이 남아
공터가 넓고 공원으로 조성하면서 숲이 커졌다. 공원 양쪽의
큰길 너머에는 LG트윈타워, IFC몰, 금융감독원, 전경련회관,
KBS, 각종 증권사와 은행 지점이 포진해 있다. 그곳에서
하루 동안 오가는 돈은 얼마나 될까, 헤아리다가 개그콘서트
방청은 신청만 하면 단박에 되나, 딴생각을 했다.

숲공부를 함께한 40여 명의 동기가 각자 다른 나무를 해설해도 될 만큼 여의도공원의 나무는 종류가 다양하다. 한라산과 덕유산에서 죽어가고 있는 구상나무도 산다. 도심에서 흔히 보기 힘든 채진목이랄지 꽃개오동이랄지 희귀한 나무도 손닿는 거리에 있다. 또 여의도공원에는 무슨 연유에서인지 유독 피나무가 많다. 피나무과 Tiliaceae의 피나무, 찰피나무, 염주나무, 보리자나무는 구분이 잘 안 되는데, 붕어빵처럼 닮아도 너무 닮았다. 다 피나무과이니 덮어놓고 피나무라고 해도 영 틀린 건 아니지만 그리 동정하고 돌아설 때마다 영 개운치 않았다. 그러다 한 책에서 "식물학자가 아니라면 피나무 종류는 매우 비슷하여 거의 구분하기 어렵다"는 문장을 읽고는 피나무과의 구분은 학자에게 맡기기로 하고, 이제는 덮어놓고 피나무라 동정한다.

"기타로 오토바이를 타자." 망토를 쓰고 롤러블레이드를 탄 피나무 열매는 늦겨울까지 남아 산울림의 노래를 흥얼거린다.

점심시간이면 여의도공원에는 테이크아웃 커피를 손에 든 채 양복 차림으로 산책 나온 직장인이 많다. 그런데 얼핏설핏 들려오는 이야기는 또 일 얘기다. 이번 인사이동에서 승진할 수 있을까, 윗사람 비위 맞추기가 왜 이렇게 어렵냐, 잠시 쉬는 틈에도 넥타이를 풀지 못한다. 가끔은 손에 든 커피 내려놓고 또 하나의 우주, 신비롭고 경이로운 생명체, 나무를 올려다보면 좋으련만. 푸른 돈 만지느라 지친 마음 푸른 숲에서 다독이면 좋으련만. 그리하여 언젠가 빌딩숲이 더는 새들의 땅을 탐하지 않으면 좋으련만. ✳

어떤 이름이
더 어울려요

마로니에공원
가시칠엽수

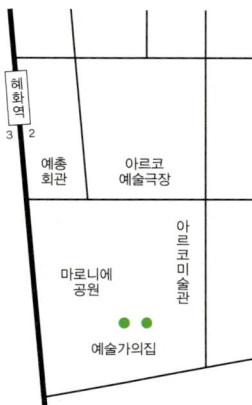

⊢   마로니에공원에 마로니에가 있게? 없게?

서울의 이름난 공원 앞머리에는 주로 지명이 붙는다. 남산공원, 선유도공원, 한강공원, 길동생태공원 등 산이나 섬이나 강이나 동네 이름이 앞선다. 서울숲처럼 광대무변廣大無邊한 이름은 드물다. 두 단어 사이에 '의' 하나 빠졌을 뿐인데, '서울이 온통 숲이라면' 하나마나한 상상으로 머릿속이 푸르러진다. 그런 서울숲보다 더 희귀한 이름은 바로 마로니에Marronnier공원이다. 소나무나 느티나무 같이 우리말 나무 이름을 붙인 공원은 보았으나, 마로니에공원처럼 프랑스어 나무 이름을 가슴에 매단 곳은 드물다.

마로니에공원은 일제시대 경성제국대학이 있던 자리다. '1946년 8월 국립 서울대학교로 발족, 1975년 3월 관악산 기슭으로 이전되었다'고 새긴 터무니 비碑와 거창하게 캠퍼스 설계 모형을 담은 유지기념비遺趾記念碑는 이곳에 서울대가 있었음을 재차 강조하지만 글자를 속으로 파 잘 안 읽힌다. 서울대 문리대 캠퍼스가 있던 당시, 학교 앞을 흐르는 작은 대학천泉을 센Seine강이라 부르고 천을 잇는 작은 교량을 미라보다리Le Pont Mirabeau라 불렀다고 한다. '미라보다리'는 '미라보다리 아래 센강이 흐르고 / 우리의 사랑도 흐르는데 / 나는 기억해야 하는가 / 기쁨은 늘 괴로움 뒤에 온다는

것을(후략)'으로 시작하는, 기욤 아폴리네르Guillaume Apollinaire,
프랑스의 시인의 유명한 시이기도 하다. 엄혹한 시절, 문청文靑은
얼마나 파리의 낭만이 그리웠을까. 압제의 그늘은 흐려졌지만
문화예술로 치면 조국은 여전히 동토였을 테니 오죽하면
동네 개울을 센강이라 부르며 자위했을까. 마냥 얼빠진
사대주의事大主義라 하기에는 그 마른 마음이 가엾다.

　　서울대가 관악산 기슭으로 떠난 뒤 대학 건물은 대부분
철거되었고, 대한주택공사의 주도 아래 공원이 조성되었다.
자유주의가 번져가던 시절 '문화 예술의 거리'를 조성하려는
정부의 뜻대로 일대는 서울대가 있던 자리라 하여 대학로라
불리기 시작했다. 그 때문인지 센강과 미라보다리에 어울리게
인근 공원에는 샹젤리제Champs-Élysées, 개선문이 있는 드골광장에서
콩코르드광장에 이르는 직선 도로의 가로수, 마로니에를 갖다 붙였다.

　　마로니에는 유럽칠엽수, 곧 가시칠엽수를 이르는
프랑스어인데, 희한하게도 마로니에공원을 대표하는 가장
큰 나무는 일본칠엽수다. 일본칠엽수는 그냥 칠엽수라고
부르는 나무다. 그렇다고 마로니에공원에 마로니에가 아예
없는 건 또 아니다. 예술가의 집 앞에 마로니에 두 그루가
나란하다. 공원에서 가장 융성한 칠엽수가 용포를 걸치고
양팔을 들어 올린 왕이라면, 두 그루의 마로니에는 용안은 어찌
생겼나, 구경나온 평범한 친구 같다. 다가가 그들의 속삭임을
엿들었다.

대학로
마로니에공원에는
두 그루의
마로니에,
가시칠엽수가
산다.

- 친구야, 우리가 마로니에 맞지? 다들 제일 큰 쟤가 마로니엔 줄
  알아, 그지? 마로니에공원에 마로니에가 없다는 사람이 하도 많아서
  이젠 나도 헷갈려.
- 사람들은 보지 않고 믿는 걸 좋아하는 것 같아. 맹신盲信이라고 하는
  그 요상한 믿음 말이야. 그게 씌이면 한 치 앞도 못 본대.
- 원래 한 치 앞을 못 보는 게 사람 아냐? 맨날 틀리게 부를 거면서
  이름은 왜 자꾸 짓는 거야?

마로니에공원

가시칠엽수

정작
마로니에공원을
대표하는 나무는
그냥 칠엽수라고
부르는
일본칠엽수다.

- 정하지 않으면 불안한가 봐. 순리대로 살면 되는데 자기 욕망을 자기도 못 믿겠나 보지. 그러니까 뭐, 사람이겠지.
- 오늘 햇빛 참 좋네. 신경 끄고 밥이나 먹자.

    2013년 9월, 재정비 공사로 에워싼 담을 헐어낸 뒤 공원은 다시 열렸다. 5800제곱미터에서 9100제곱미터로 면적이 두 배 가까이 넓어졌다. 그래도 동네 쌈지공원만 하니 아담한 건 여전한데 오래 전에 세운 '문화예술 사랑의 숨결이 모여 새롭게 꾸며진 마로니에공원, (중략) 우리 모두의 안식처로 영원히 남으리'라는 거창한 포부를 담은 비석이 효험이 있었는지, 재기才氣 발랄한 젊음이 끝없이 모여드는 것 또한 여전하다. 사방팔방으로 열려 벽과 지붕이 없는 무대, 사람도 바람도 자유로운 공원. 담이 허물어지자 남으로 예술가의 집, 북으로 아르코예술극장, 동으로 아르코미술관에 에워싸여 있는 게 확연히 보였다. 지도를 오른쪽으로 90도 회전시켜 보니, 딱 자유와 젊음이 담긴 밥그릇이다.

재정비공사로 공원은 보다 넓어졌다. 사람이 없으니 나무가 잘 보인다.

작은 잎
일곱 장이
모여 한 잎이
된다 하여
칠엽수七葉樹다.

├ 다 떠나면 나도 떠나리

　　칠엽수를 처음 보면 잎부터 보인다. 칠엽수는 5~9장의 작은 잎이 모여 하나의 잎을 이루는데, 보통 7장인 경우가 많아 칠엽수七葉樹라는 이름이 붙었다. 일곱 갈래로 쭉쭉 갈라진 잎은 거인의 손처럼 크고 시원한 맛이 있다. 긴 잎자루 끝에 달린 여러 장의 작은 잎은 처음에는 하늘을 향하다가 자라면서 제 무게를 못 이겨 우산처럼 둥글게 늘어지곤 한다. 잎자루를 우산대로 만들고 잎 사이를 막아 우산으로 만든다면 짜장 돌잡이가 젖지 않을 정도는 될 성 싶다. 그런 이파리가 수백 장이니 칠엽수 그늘은 안 시원하기가 힘들다. 우산 같은 이파리가 층층이 쌓여 수형 또한 아름답다.

　　가시칠엽수는 칠엽수와 거의 모든 면에서 닮았다. 잎의 모양, 잎 가장자리 톱니와 잎 뒷면 털의 유무 등으로 구분한다지만, 얼핏 봐서는 한 나무다. 미감 뛰어난 파리지앵이 가시칠엽수를 가로수로 택한 건 일견 당연해 보이나, 문제는 열매에 있다. 가시칠엽수 열매는 가시가 장난이 아니다. 칠엽수 열매가 멍게라면 가시칠엽수 열매는 성게다. 그 열매에 행인이 다쳤다는 기사가 아직까지 나오지 않는 건 다행이지만 거 참 희한한 일이다.

덕수궁
가시칠엽수의
겨울 자태는
떠나온 곳으로
돌아가려는
처절한
몸부림 같다.

칠엽수 꽃은
하얀 횃불처럼
하늘 향해
피어난다.

꽃 진 자리에는
돌 같은 열매가
맺힌다.

가시칠엽수
열매는 칠엽수
열매에 무수한
가시를 더한
모양이다.

마로니에공원

가시칠엽수

유럽 양식의
석조전과
유럽에서 온
가시칠엽수는
서로 의지하며
살아간다.

칠엽수만큼이나 직설적인 이름의 덕수궁 석조전石造殿
뒤뜰에도 가시칠엽수가 산다. 영국인이 설계한 석조전은
1910년 지어진 근대식 돌 궁전이고, 가시칠엽수는 네덜란드
공사가 고종의 회갑 기념으로 1912년쯤에 선물했다고
전해진다. 처음 심어질 때 어린 가시칠엽수는 눈앞에 선 유럽
궁중 양식의 건물을 보고는 "고향에 돌아왔는가" 기쁘고
얼떨했을 것이다. 덕수궁이 유럽의 궁전이라 여기며 살았을
텐데, 점점 키가 자라 담장 너머 세상이 보이면서 이곳이
대한민국이라는 사실을 뒤늦게 알았으리라.

    꽃샘추위 매섭던 어느 봄날, 석조전 뒤뜰을 산책하다
걸리버 만난 소인처럼 큰 벽 앞에 멈춰 섰다. 가시칠엽수
줄기였다. 느티나무 노거수처럼 온 줄기의 나무껍질이 늙은
소의 궁둥짝 흙처럼 덕지덕지한 게 참으로 기괴했다. 그리 큰
가시칠엽수는 처음 보았다. 가장 가까운 이파리가 까마득히
높은 데 있어 영 못 알아볼 뻔했다. 가시칠엽수 열매도 그때
처음 보았다. 나무둥치 여기저기 떨어진 열매는 불시착한
소혹성의 모습이었다. 어린왕자가 떠나왔던 B612호의
형색과 흡사했다.

    센 바람이 불자, 몇 개의 소혹성이 더 불시착했다. 열매를
다 떠나보내면 나무는 스스로 소혹성이 되어 어딘가로
떠나려는 게 아닐까. 간절한 마음이 먼 우주의 행성을 닮은
열매를 낳게 한 건가. 분화구 같은 가시칠엽수 열매를 조심히
매만지자 머나먼 우주가 눈앞에 펼쳐졌다. ✳

연필로 그린 소묘인가
　　바람이 휘두른 회초리인가

세월이 다 해명한다

삼청공원
귀룽나무

├ 겨울, 귀룽나무에 갇히다

　습하고 차갑던 어느 겨울날, 홀로 창경궁에 갔다가 한 나무 아래 앉았다. 고개 숙인 채 무언가 끄적이다가 미약한 삭풍에 서늘한 기운을 느꼈다. 올려다보니 눈앞에 수백 개의 가지가 드리워져있었다. 분명 나뭇가지라는 걸 아는데도 감옥의 창살 같아 소스라쳤다. 그냥 쳐내면 될 일인데 진짜 감옥에 갇힌 것처럼 온 몸이 굳어버렸다. 알고 지은 죄, 모르고 지은 죄가 두루 다분한 탓인지 뜨거운 바늘에 찔린 듯 선뜩했다. 지나던 이의 혼잣말을 듣고야 정신을 차렸다. "귀룽나무네." 나무 감옥에 갇힌 찰나는 그 후로 오랫동안 귀룽나무를 귀신 보듯 하게 만들었다. 겨울의 귀룽나무 가지는 매서운 회초리 다발, 차가운 쇠창살로도 보인다.

　이듬해 봄, 삼청공원을 산책하다 흰 꽃 무더기를 보았다. 공원 입구의 운동장 뒤편에는 세 갈래로 갈라지는 길이 있는데, 세워놓으면 꼭 나무의 형상이라 좋아하는 길목이다. 꽃은 두 길 사이, 나란한 나무 두 그루 가득 피어있었다. 한지로 만들었나 싶게 꽃잎의 가장자리가 오그랑오그랑한 게 참으로 단아하다. 땅을 향한 긴 꽃대에 달린 꽃은 소박하니 고왔다. 며칠을 애써 그 꽃을 보러 다니다, 사나흘 봄비가 내려 아니 갔다. 다시 찾았을 때, 꽃은 지고 없었다. 잎만 무성한 나무를 보자

귀룽나무

귀룽나무
꽃은
사나흘
바쁘면
못 보기
십상이다.

임 떠난 양, 마음이 헛헛했다.

　　다정한 임은 나무 아래, 위로慰勞를 두고 갔다. 한봄에 싸락눈이 왔나 싶게 길은 온통 하얬다. 흩어진 흰 꽃잎이 온 숲을 덮었다. 사뿐한 꽃잎은 다른 나뭇잎과 다른 꽃잎에도 내려앉았다. 벚나무 이파리와 흰 철쭉 위에도 평화롭게 날아가 앉았다. 그리 고운 꽃눈을 날리는 나무 또한 귀룽나무라는 걸 그 봄에는 몰랐다.

　　그해 가을, 삼청공원의 나무지도를 만들었다. 매일같이 다니는데도 나무의 이름을 모르니 부를 수가 없고, 부를 수가 없으니 마음에서 불러올 수가 없어 아쉬워하던 차였다. 숲 동무 셋이 지도 만들기를 도왔다. 너른 공원에서 주력한 길은 가회동배수지 출입구에서 공원 중심부로 향하는 200여 미터 길. 살던 북촌에서 삼청공원으로 들기에는 배수지 어귀가 무난한 데다 곧장 내리막이라 어귀에 이르려 오르막 오르는 수고를 덜어주어 즐겨 찾는 길이었다.

　　세 동무가 지나간 자리마다 헨젤의 빵조각처럼 나무의 이름표가 떨어졌고, 나는 새처럼 주워 삼켰다. 아까시나무인 줄 알았던 것은 졸참나무였고, 쪽동백나무인가 한 것은 때죽나무였다. 산딸나무라 여긴 것이 팥배나무라 밝혀진 순간부터는 그간의 오해를 더는 입 밖에 내지 않았다. 한창 기록에 열중하는데, 내내 재잘거리던 세 동무가 급히 말이 없어졌다. 겨울나무를 구분하는 건 쉬운 일이 아니긴 하다. 벌거벗은 채 돌아선 사람을 임인 들 알아볼까.

　　지나간 자리에는 흔적이 남는 법. 다행히 한 자리에 선 나무는 제 밑에 무수한 흔적을 남긴다. 그 센 바람을 어찌 견뎠는지 나무둥치에는 나뭇잎과 열매가 고스란하다. 거기에

가녀린 봄비에도 귀룽나무 꽃은 죄 꽃잎으로 흩어진다.

전체 모습과 나무껍질 등을 아울러 나무의 정체를 가늠한다. '나무 공부를 제대로 하려면 겨울에 하라'는 말이 괜히 있는 게 아니다. 무성한 나뭇잎과 주렁주렁한 열매 없는 본연의 모습을 간파하면 나무가 아무리 변신해도 알아볼 수 있다. 앞선 알리바이 모두 시원치 않아도 아직 결정적인 증거가 남아있다. 벌거벗은 나무에서 "나야, 나! 정말 못 알아보겠어?"라며 눈을 반짝이는 겨울눈冬芽 말이다. 겨울눈은 나뭇잎이나 열매 못지않게 개성이 뚜렷하다. 나무 식별의 고갱이라 해도 무방하다. 사람으로 치면 꿈이랄까.

├ 봄, 귀룽나무에 홀리다

　겨울나무를 알아보는 데 탁월한 세 동무도 못 알아보는 나무가 나타났다. 여러 흔적과 특징을 살피고도 개운한 답이 나오지 않았다. 장미과Rosaceae에 속하며, 벚나무는 아니면서 벚나무와 닮은 구석이 많긴 한데 딱 꼬집어 명명할 수 없다는 게 결론이었다. 장미과의 다른 여러 나무를 살폈지만 "아, 이거네!" 하는 똑소리가 나지 않았다. 대강 삼청공원에 가장 많은 벚나무로 매듭짓자고 제안했지만 큰 겨울눈이 걸린다며 다들 고개를 갸웃했다. 개벚지나무인가 싶기도 하지만 지나치게 늘어진 가지가 신경 쓰인다고 했다.
　일단 '미지의 나무'로 남기고 수종조사를 이어갔다. 하나 길지 않은 길가, 80여 그루의 나무 중에 그 나무는 무려 20그루나 되었다. 다시 도감을 펼쳐 찬찬히 살핀 후 세 동무는 그 나무를 귀룽나무로 결론지었다. 나는 오랜만에 그럴 리 없다고 반박했다. 이태 전 겨울, 소스라치게 했던 창경궁 귀룽나무 이야기를 하면서 다른 나무는 몰라도 귀룽나무라면 영 모르지 않는다고 큰소리쳤다. 품이 너른 세 동무는 고운 꽃눈을 날리던 세 갈래 길의 나무 또한 귀룽나무로 동정하고, '봄이 오면 진실을 알게 되리라' 예언하고 떠났다.

다시 봄, 그 어느 해보다 기다린 봄이다. 그 나무가 정말 귀룽나무라면 이른 봄에 대번 알아볼 수 있다. 귀룽나무는 숲에서 가장 먼저 잎을 낸다. 낙엽교목 중에서 가장 앞선다. 봄이어도 여전히 잿빛인 숲에서 그 해 첫 연둣잎을 틔운다. 2014년 3월 21일, 춘분春分 아침에 길을 나섰다. 은행나무 겨울눈은 여전히 화석처럼 단단한데 아무리 귀룽나무라 해도 벌써 잎이 돋았을까. 아까시나무와 가죽나무도 잎 하나 없이 메마른 줄기로 '아직 겨울!'이라 선언하는데.

'언제나 봄이 오려나, 꽃비가 그립구나' 하는 사이 배수지 어귀에 닿았다. 쉼터에서 숨을 고르고, 막 내리막에 들어서니 개나리가 잔뜩 피어있다. 지난겨울에도 없던 개나리를 누가 이리 심어놓았나, 했더니 꽃이 아니라 잎이다. 연둣빛 이파리가 아침 해를 받아 샛노랗게 비친 것이다. 숲길은 20그루의 나무가 일제히 틔운 첫 잎으로 찬란했다.

"아, 백만 개의 그린!"이라는 이상한 콩글리시 문장이 새어 나왔다. 그로부터 며칠, 꽃이 아니라 잎을 보러 숲을 오르내렸다. 조각배 모양의 연한 잎은 하룻밤에도 쑥쑥 자랐다. 일주일, 보름 지나자 먼저 난 잎은 손가락만 해지고, 손톱만한 새 잎이 계속 돋아났다. 여름은 아직 멀었는데 귀룽나무 그늘은 이미 넓고 서늘했다.

귀룽나무는 나무껍질이 어둡고 나뭇가지가 수많다. 땅으로 늘어진 나뭇가지는 동지섣달 찬바람에 쉭쉭 공중을 때리는 회초리다발이더니 이른 봄에는 가장 이른 새 잎을 엮어 단 연두 발簾이었다. 늦봄, 뭉게뭉게 핀 흰 꽃 때문인지 북한에서는 귀룽나무를 구름나무라 부르고, 귀룽나무로 만든 자리를 구름자리, 귀룽나무 껍질을 구름겹이라 한단다. 그렇다면 귀룽나무 꽃의 그 보드라운 감촉은 구름결이 어떠할는지.

벚나무와 닮은
귀룽나무는
줄기가 보다
매끈하고
가지가 보다
늘어진다.

은행나무와
회화나무는
아직도
겨울잠을
자는데
귀룽나무는
벌써 잎을
틔운다.
봄 숲에서
가장 빠르다.

범사에 그러하듯, 긴 시간을 두고 보아야 온전한 모습이 보인다. 제풀에 놀라 뒷걸음치게 했던 무시무시한 귀룽나무는 봄날 서둘러 잎을 틔우는 부지런한 나무다. 보드랍고 여린 꽃으로 마음을 빼앗아가는 나무다. 어감조차 선뜩했던 '귀룽'을 어느 틈에 자동차 발동 걸 듯 "귀룽귀룽" 동요인 양 부르게 만드는 매력적인 나무다. 귀룽나무는 이제 봄을 기다리게 하는 새 벗이다.

영화 〈러브픽션〉에는 "사람은 평생동안 오해를 해명하다 쓸쓸히 죽어간다"는 법어 같은 대사가 나온다. 나무는 말 대신 계절로, 세월로 오해를 해명한다. ✳

귀룽나무 꽃은 한지로 만든 듯 소박하고 수수하다.

호숫가의
하늘가 나무

호수공원
구상나무

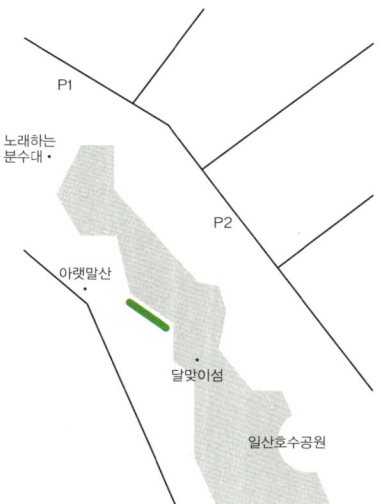

├ 구상나무를 구원하소서

2010년 여름, 한라산에 올랐다. 영실코스로 윗세오름까지 갔다. 영실기암을 지나 선작지왓으로 향하는 길목에서 고사목을 보았다. 나무 아래 안내문에는 '살아 천년, 죽어 천년'이라고 크게 쓰여있었다. 한 그루의 고사목 옆으로 살아있는 푸른 나무가 숲을 이루었다. 그때만 해도 몰랐다. 구상나무가 한라산과 지리산, 덕유산과 가야산 같이 남부 고지대에서만 사는 나무인 줄. 한라산 해발 1500미터부터 정상까지 무려 800만 제곱미터에 우리나라에서 가장 큰 구상나무 숲이 있다는 것은 더욱 몰랐다. 전나무속의 여러 나무 중에서 우리나라에만 자라며, 기후변화 지표종이라는 것은 더더욱 몰랐다.

4년 뒤, 한 신문에 실린 항공사진으로 한라산의 구상나무 숲을 다시 만났다. 푸르러야 할 숲은 새하얬다. 죽어 쓰러진 구상나무는 만년설처럼 산을 하얗게 뒤덮고 있었다. 찾아보니 한라산 말고 지리산 구상나무도 다 죽어가고 있었다. 멸종위기의 구상나무를 살리려 2014년 2월, '지리산 구상나무 복원을 위한 협의회'가, 8월에는 '한라산 구상나무 보전 실무위원회'가 차려졌다. 지리산 구상나무 복원을 위한 협의회는 복원용 묘목을 기르고, 한라산 구상나무 보전

실무위원회에는 산림청, 환경부, 문화재청, 기상청, 제주도 등 무려 5개 부청, 8개 기관의 전문가 15명이 참여한다. 이런들 저런들 구상나무는 과연 복원되고 보전될까. 2100년 이후에도 이 땅에서 구상나무를 볼 수 있다는 패에는 누구도 돈을 걸지 않는데.

한라산에 사는 구상나무가 땅으로 내려왔다 어인 일인지 호숫가에서도 잘 산다.

ㅏ 한반도가 좋아, 한라산이 좋아

구상나무는 무슨 연유에선지 한반도에서만 자란다. 빙하기부터 시작된 인연이니 곡절이 깊을 테다. 추운 데서 잘 자라는 구상나무는 어쩌자고 남부지방에 터를 잡았다. 그래서인지 높은 산의 정상부에서만 사는데, 나날이 따뜻해져 큰일이다. 살 수 없으니 죽어갈 뿐이다. 한라산의 구상나무 자리는 벌써 소나무 차지가 되었다.

구상나무의 학명은 'Abies koreana E. H. Wilson'. 구상나무는 구과목 소나무과 전나무속에 속한다. 'Abies'는 전나무속을 이른다. 소나무과Pinaceae 전나무속 나무의 열매는 구과毬果로, 하늘을 향해 열리는 솔방울은 익으면 통째 떨어지지 않고 실편이 흩어지는 게 특징이다. 전나무속에는 구상나무 말고도 전나무와 분비나무 등이 속한다. 'koreana'라고 이름 붙은 식물이 모두 한국에만 사는 것은 아니다. 중국이나 일본, 러시아에도 산다. 그러한 맥락에서 한국 특산식물이라고 말하기보다는 한반도 특산식물이라고 하는 편이 옳다. 학명의 마지막에 나오는 'E. H. Wilson'은 구상나무를 처음 학계에 발표한 미국의 식물학자 이름이다.

가장 먼저 구상나무를 채집한 건 일본인 나카이 박사지만, 그는 구상나무와 분비나무를 구분 짓는 솔방울 포의 꺾임을 간과해 명명자가 되지 못했다. 허나 윌슨은 구상나무의 솔방울 포가 아래로 젖혀진 것을 보고 포가 바깥으로 곧게 뻗는 분비나무와 다른 종이라는 것을 알아챘다. 요컨대 구상나무는 일본인이 처음 발견하고 미국인이 이름 붙인 한반도 특산식물이다. 이러한 구상나무의 명명 과정은 한국 근대사를 응축시킨 듯해 아린 데가 있다.

한국에만 살던 구상나무는 미국인의 손에 이끌려 태평양을 건너가 개량되었다. 개량改良은 더 좋게 고친다는 뜻인데, 구상나무에게 과연 온당한 말일까. 사람이 고치는 것이니 사람에게 좋으면 단가. '잘 팔리는 나무, 비싸게 팔리는 나무=좋은 나무'라면 구상나무는 개량된 게 맞다. 고가의 크리스마스트리가 되어 잘 팔려나가고 있으니 말이다. 우리나라도 그 수입국 중 하나라는 건 웃음의 쓴맛을 알게 한다.

수많은 나무의 우리말 이름은 그 유래와 설이 난무한다. '이러저러해서 이리저리 되었다'라고 정의되어 있지만, 무엇이 정설이라고 단정할 수 없다. 제대로 정립해 놓은 바가 없어 누구는 이게 맞다, 누구는 저게 맞다 다 딴소리를 한다. 구상나무는 '쿠살낭'이 변해 된 말이라는데, 제주말로 쿠살은 성게, 낭은 나무다. 우리나라에서 제일 큰 구상나무 숲이 한라산에 있으니 꽤나 미더운 유래에 속한다. 또 구상나무는 한자로 제주백회濟州白檜라 쓰는데 회는 전나무를 뜻한다. 제주에 사는 하얀 전나무라는 것이다. 눈 내린 한라산, 하얀 고사목 사이로 전설의 백록白鹿이 노니는 풍경을 상상하면 마음이 다 순결해진다.

구상나무 잎은 끝이 갈라지고 오목하다.

구상나무 솔방울은 대체로 자갈색이며, 실편 사이에 돋아난 포가 뒤로 젖혀지는 것이 분비나무와 다르다. 다 익으면 실편은 하나씩 흩어져 날아간다.

한수공원 구상나무

├ 부디 낮은 데로 임하소서

　이 땅을 사랑한 구상나무에게 헌사를 바치고 싶었다. 할 줄 아는 게 이것뿐이라 이야기를 지었다. 설문대할망 신화와 산방산의 전설에서 영감을 받았다. 주인공은 하늘과 땅을 갈라놓았다는 이유로 집에서 쫓겨난 옥황상제의 딸이자 제주를 만들었다는 설문대와 구상나무, 그리고 산방산이다. 배경은 땅으로 내려온 설문대가 치마폭에 싸온 흙더미를 내려놓은 땅, 제주. 제주에서도 흙이 제일 높게 쌓인 한라산이다.

　땅으로 내려와 제주와 한라산, 368개의 오름을 만든 설문대는 갑자기 졸리었다. 그런데 베고 잘 것이 마땅치 않았다.
그때 설문대의 눈에 한라산이 들어왔다. 설문대는 뾰족한 봉우리를 손날로 쳐 날려버렸다. 그때 날아간 봉우리는 서귀포 바닷가에 내려앉아 산방산이 되었다. 날아간 봉우리에서 유일하게 살아남은 것은 구상나무였다.
당시만 해도 잎이 넓적한 활엽수였던 구상나무는 한라산을 그리워하는 산방산을 위해 길을 나섰다. 온갖 고초를 겪으며 구상나무 잎은 작고 가늘어졌다. 한참만에 한라산에 닿은 구상나무는 설문대를 흔들어 깨웠다. 부디 산방산을 한라산 꼭대기, 원래 자리로 되돌려달라고 애원했다. 하지만 설문대는 도무지 깨어날 생각을 하지 않았다.
구상나무가 계속 성가시게 굴자, 설문대는 손바닥으로 구상나무를 꾹 눌러 그 자리에 뿌리박게 했다. 아무리 발버둥 쳐도 구상나무는 꼼짝도 할 수 없었다. 산방산이 한라산을 그리워하듯 구상나무는 산방산을 그리워했다. 세월이 흘러 구상나무가 처음으로 열매를 맺었다. 하늘을 향한 솔방울은 꼭 산방산을 닮았다. 〈끝〉

봉우리가
볼록한
산방산의
산세는
구상나무
솔방울과
닮았다.

2014년 여름, 한라산과 지리산 구상나무가 죽어가는
와중에 산림청에서 새로운 구상나무 자생지를 찾아냈다.
영남 알프스에 속하는 울산 영축산의 고산지역이다. 규모는
작지만 생육활동이 활발하다는 희소식도 함께 전해왔다.
자생지는 아니지만 일산호수공원에도 구상나무가 산다.
일산은 구상나무의 북방한계선이라는 덕유산 향적봉에서
300킬로미터나 떨어진 곳이다. 게다가 호수공원은 평지다.
행여 한라산과 지리산의 구상나무 모두 땅으로 내려와 살 수는
없을까, 구상나무 스스로 온난해진 기후에 맞게 개량될 수는
없을까, 숨인 양 꿈인 양 기원한다. ✳

구상나무 잎
뒷면은
밝은 흰색이다.

구상나무는
솔방울의
색깔에 따라
검은구상나무,
붉은구상나무,
푸른구상나무로
나누기도 한다.

덕유산
향적봉에도
구상나무가
산다.

호숫가에 나란한
구상나무.
그 모양이
참 반듯하니
멋스럽다.

호수공원

구상나무

이제 그만
떠나련다

남산공원
소나무

ㅏ 해에게서 사람에게

　　남원의 외진 마을에서 태어난 아버지는 1년에 네댓 번, 명절과 기일마다 고향 선산의 할머니 할아버지 묘소를 찾았다. 부산에서 자동차로 여섯 시간은 족히 걸리는 길. 10킬로그램 설탕 포대를 사 싣는 달달한 읍내 풍경은 이제 곧 시작될 고달픈 비포장도로와 극적으로 대비되었다. 순탄치 않은 길은 어린 속을 발칵 뒤집어 놓았다. 죽다 살아날 때쯤 도착한 마을 이름은 하필이면 생사리生死里. 공식 명칭은 생암리였지만, 마을 주민 곧 장씨 집안사람들은 생사리, 줄여서 생살이라고 불렀다. 마을 앞에는 섬진강이 흘렀는데, 부산 집 앞을 흐르던 낙동강과 달랐다. 강폭만큼 넓은 모래밭은 비단을 깔아놓은 듯 곱디고왔다. 임진왜란이 일어났을 때 흥덕장씨 일부가 피난처로 택해 생겨났으며, 섬진강에 홍수가 나면 새 모래밭이 생겨난다 해서 생사리生沙里가 되었다는 진실은 20여 년이 지난 오늘에야 알았다.

　　강가에 왜가리 한 마리 날아들면 아침마다 산수화가 되는 고즈넉한 마을은 안타깝게도 개화기 때 성장을 멈추었다. 겨우 전기만 들어왔다. 수세식 화장실은 무슨, 퇴비 더미 옆 땅바닥에 돌 두 개 올려놓으면 그게 바로 변기였다. 물은 우물에서 퍼 올렸고, 가스 대신 아궁이에 불을 지폈다. 새까만 그을음으로 원래 색을 짐작할 수 없는 부엌은 집과 같이 흙으로 빚었다. 동굴처럼 어두컴컴한 그곳에서 당숙모가 남도한정식 한상을 내올 때마다 신기해 어안이 벙벙하다가 "아가, 어여 밥 묵어" 소리에 정신을 차렸다. "나 애기 아닌데" 들릴락 말락한 소리에 당숙모는 오랜만에 허리를 펴고 웃었다.

　　마당 가득 강 안개 스민 아침, 당숙모가 없는 틈에 마법 같은 부엌에 들어가 보았다. 흙과 물과 나무 향이 뒤섞인 냄새, 온통 검은빛 속 동백꽃 같은 아궁이의 붉은 빛에 얼얼해진 사이, 뒤꼍에 된장 푸러 갔던 당숙모가 돌아왔다. "아가, 불 한번 때볼텨?" 당숙모는 웃는 얼굴로 '소갈비'를 쥐어주었다. 잘 마른 솔잎 한 움큼을 아궁이에 집어 던졌다. 솔잎은 파작파작 소리를 내며 순식간에 타들어갔다. 당숙모가 시키는 대로 조금 더 큰 솔가지를 넣고 잇달아 당숙이 패 놓은 굵은 장작을 밀어넣었다. 물기가 적고 송진이 많아 불에 잘 탄다더니 불붙은 소나무가 소나무 기둥으로 세운 집 홀라당 태우는 것 아닐까, 두렵도록 불은 커졌다. 그날 아침, 나무를 넣을 때마다 불길에 점점 뜨거워지던 양 볼의 열기는 지금껏 잠재되어 소나무에 대한 인상을 '불씨를 키워 사람을 살리는 뜨거운 나무'로 기억하게 한다.

　　소나무는 극양수極陽樹다. 어떤 나무가 햇빛을 그리지 않겠냐만 그늘에서 살아가는 나무도 많다. 하나 소나무는 정수리를 가리면 죽는다. 뿌리는 척박한 땅에 내려도 줄기는 풍요한 빛을 받아야 한다. 그리 해에게 받은 은혜를 사람에게 되돌려준다.

바닷가에는 해송이 잘 자란다. 부산 미포 바닷가에도 소나무 숲이 울창하다.

ㅏ 두 남산 南山

　고향 부산에서는 바닷가 해송 숲 말고 육송 숲을 본 일이 드물었다. 대숲 뒤 학교 뒷산에는 '포구나무'라 부르던 팽나무가 잘 자랐다. 육송 숲을 제대로 본 곳은 경주 남산과 서울 남산이다. 사진작가 배병우의 피사체로 세계에 알려진 경주 남산의 솔숲에는 신령한 기운이 물씬하다. 남산 아래 헌강왕릉과 정강왕릉에서 "무덤가 소나무는 영혼을 하늘로 인도하는 안내자"라고 했던 작가의 말이 떠올랐다. 왕릉을 에워싼 소나무는 비상하는 용의 형상이다. 하늘로 솟구치려는 승천의 기운이 꼴에 그대로 배었다.

　남산연구소의 답사 기행에 서너 차례 참여하면서 산골짜기 곳곳에 돌부처가 자리한 남산을 찬찬히 들여다본 적이 있다. 이름난 예술가가 아니라 오로지 불심 하나로

경주 왕릉 옆에는 육송이 잘 자란다. 도래솔은 오래도록 왕릉을 지켜왔다.

석불이 아름다운 경주 남산에도 서울 남산처럼 소나무가 많이 산다.

암벽을 쪼고 다듬었을 무명의 민초는 낮은 돌산을 숭고한 영산靈山으로 만들었다. "땅 중에 최고가 경주야. 남산 위의 저 소나무 할 때 남산이 서울 남산인 줄 알지. 그거 경주 남산이거든. 가장 해저가 깊은 바다도 여기 경주 땅 아래 있대요. 토함산은 육산이야. 바다에서 오는 센 바람을 토함산 흙이 다시 한 번 맑게 걸러서 경주에 부려놓지. 그러니 저런 소나무가 자라잖아." '불국사 화가' 김대성이 한 인터뷰에서 남긴 말은 남산에 올라봐야 참말인 줄 안다.

서울의 남산에는 소나무가 많았다가 사라졌다가 많아졌다가 사라지는 중이다. 정확한 수치를 담은 기록은 없지만, 조선시대 남산에는 소나무 숲이 우거졌을 것으로 추정한다. 서울의 내사산內四山 중 궁궐 근처라 접근하기 어려웠던 인왕산이나 북악산과 달리 남산은 누구나 즐겨 찾는 명승이었다. 당시에는 솔숲이 우거졌다고 전해진다. 그러나 일제강점기 때 산기슭에 일본인 거주지가 형성되면서 남산은

급격히 훼손되었고, 남산 소나무는 군수물자용으로 마구
베어졌다. '민족정기말살정책'이라는 별 거지 같은 이름에서
알 수 있듯 '소나무는 곧 한민족의 얼'이었다. 요즘에야 단체
채팅방에 갓 눈 뜬 사진이 업로드되고, 아파트에 살면서
가스 불에 밥해 먹고 자라, 분골함에 넣어져 납골 아파트에
모셔지지만, 불과 100여 년 전만 해도 금줄에 솔가지를 걸어
온 세상에 나 왔다고 알리고, 소나무 기둥으로 세운 집에서
솔가지로 불 지펴 가마솥 밥 먹으며 살다, 소나무 관에서
영면에 들었다. 소나무는 일생을 함께하는 나무이자 동무였다.

  소나무 베어진 남산은 무분별하게 개발되었다. 산자락마다
별의별 건물이 들어섰다. 1980년대까지 함부로 다루어지던
남산은 1990년대 들어서야 본연의 모습을 되찾아갔다.
1990년, 서울시는 남산에 5400그루의 나무를 새로
심었다. 그중에는 소나무 900그루도 포함돼 있었다.
더불어 1994년까지 전국의 주요 소나무 품종을 모아 매년
3000그루씩 심을 거라는 야심찬 계획도 밝혔다. 1994년,
22년 간 남산의 한 귀퉁이를 차지했던 외인아파트 철거는
남산 제모습찾기 사업 1단계 1994~2000년이 본격화되었다는
신호탄이었다. 남산의 원상회복을 선언한 서울시는 외인아파트
말고도 외인 단독주택 단지 및 외국 공관 시설, 미군 종교
휴양소 등의 부적격시설을 단계적으로 철거했다. 이때
안전기획부, 안기부도 이전했다. 2001년 1월, 서울시는
'남산의 나무 중 절반이 소나무이며, 남산 소나무 숲이 회복
상태에 접어들었다'고 발표했다. 그리고 2015년 현재 남산에는
5만여 그루의 소나무가 산다. 그 소식은 비밀로 할 걸 그랬다.
재선충이 멀리서 입맛을 다시는지 몰랐다.

남산 위의
저 소나무,
한강으로
가려는가.

붉은 소나무
줄기가
노을빛을 받아
더 붉어졌다.

ㅏ 스스로 그러하라

　최근 들어 '남산 위의 저 소나무'라는 애국가 가사가 곧 바뀔지 모른다는 비관이 폭포처럼 쏟아지고 있다. 소나무 재선충병의 100% 치사율은 '한반도 소나무 멸종론'을 부채질한다. 1988년 발병 이래 860만 그루의 소나무가 베어졌고, 2014년에만 220만 그루, 2015년 말에는 다 합쳐 1000만 그루의 소나무가 사라질 전망이다. 소나무는 1억 년 이상 한반도에 살아왔으며, 우리나라 전체 산림의 23%를 차지한다. '거대한 댐도 작은 구멍으로 무너진다'더니 이 엄청난 생태계 혼란을 야기한 것은 1밀리미터 길이의 재선충이다.

　1988년 수입 목재를 통해 일본에서 부산으로 건너온 재선충은 남산이 제 모습을 찾아가던 1990년대 조용히 잠복기에 들어갔다. 그러다 2000년대 중반 경남에서 처음 나타나 순식간에 일대를 초토화시키고 수도권까지 북상했다. 정부가 급히 방제에 나서 위급한 상황은 넘겼으나 2010년부터 다시 활개를 치고 있다.

　재선충의 번식력은 실로 대단하다. 재선충이 침투한 소나무는 수분과 양분의 이동이 막히면서 말라 죽는다. 혼자서 이동할 수 없는 재선충은 솔수염하늘소를 매개충으로 삼아 다른 나무로 옮겨간다.

수꽃에 해당하는
수구화수는
암구화수보다
아래에 생긴다.

소나무 솔방울.
다 익으면
실편이
벌어지면서
날개 달린
솔씨가
빠져 나온다.

남산의 북측 순환로에는 4만여 그루의 신갈나무가 사는
36만 제곱미터 규모의 숲이 있다. 한데 재선충 절반 길이의
광릉긴나무좀이 라펠리아균을 퍼트려 나무줄기의 수분
통로를 막는 참나무시들음병이 돌면서 지난해에만 300여
그루의 신갈나무가 고사했다. 서울 남산의 남측 순환로에는
생태경관보전지역으로 선정, 1만8000여 그루의 소나무가
사는 34만 제곱미터 규모의 숲이 있다.
   남측 순환로의 솔숲에는 물결 모양의 긴 나무 의자가
곳곳에 설치돼 있다. 신체 곡선을 따라 누우면 꽤 편하다.
소나무에 에워싸여 온몸을 누인 채 하늘을 올려다보면 더없이
청쾌하다. 푸른 기상, 민족의 얼은 뜬구름 같더니, 더운 날
해 가리며 푸르게 선 소나무는 참 미덥다. 숨을 깊이 들이쉬면
가슴 가득 솔향이 들이찬다. 청량한 기운은 백 마디 말, 천 가지
몸짓보다 큰 위로다.
   2015년 4월 16일, 서울 남산의 소나무 한 그루가 소나무
재선충병에 걸려 고사했다. 서울시와 산림청은 긴급 방제에
나섰다. 하나 철갑을 씌워 방제에 힘쓴다 해도 소나무의
내일은 아무도 지킬 수 없다. 우리가 할 수 있는 건 죽어간
소나무의 유언을 순순히 받아들이는 것뿐. '사람은 자신을 위해
생태계를 악화시키고, 다시 자신을 위해 복원하는 생태계의
유일무익唯一無益한 존재! 스스로 그러한 땅, 자연自然을 따르지
않으니 쓰디쓴 자멸自滅의 열매를 거두리라.' ☀

거대한 소나무
숲 덕분에 남산은
'서울의 허파'라
불린다.

경복궁　꽃개오동·화살나무
경복궁　말채나무
창덕궁　회화나무
창덕궁　감나무
창경궁　느릅나무
창경궁　혼인목
덕수궁　주엽나무
덕수궁　등나무
동묘　배롱나무
종묘　물박달나무

‒ ‒ 궁궐
‒ ‒ 사는
나무 ‒ ‒

봄은 성대하게
가을은 찬란하게

경복궁
꽃개오동 · 화살나무

├─ 서울은 궁궐이다

　어린 시절 부산에 살면서 서울에는 이따금 다녀갔다.
큰집에 제사 지내러, 방학에 나들이 삼아. 개학날이면 "서울은
뭐 어떤 데고? 니 코는 안 베갔네!" 까만 눈동자를 코끝에
들이대는 친구에게 "뭐 밸로 볼 것도 없더라. 간짜장 시키면
계란 후라이도 안 얹어주고 단무지도 허얘가 맛탱가리 한 개도
없다. 피자라 카는 것도 느끼해가 사람 물 게 못 된다"며
으스대곤 했다.

　열 살, 학교 가서 순 먹은 것만 자랑하는 조카가 딱했던
이모 손에 이끌려 국립중앙박물관에 갔다. 지금은 용산의 너른
자리에서 이전 10주년을 맞았지만 당시 국립중앙박물관은
광화문光化門, 경복궁의 정문과 근정문勤政門, 경복궁의 정전인 근정전의
정문 사이에 있었다. 궁궐 문 사이에 들어찬 거대한 석조건물은
소인국 마당에 떨어진 걸리버 도시락처럼 부자연스러웠다.
처음 박물관을 보았을 때 "서울역이 요 와 또 있노?" 했다.
하도 넓어 반도 못 보고 아쉽게 돌아나온 기억과 대리석 바닥을
오래 걷느라 부어오른 다리의 통증은 떠올리면 생생하다.

　고등학생이 되어서야 그 건물이 북악산과 남산을
잇는 한민족의 정기를 끊으려 그 사이에 세운 조선총독부
건물이라는 것을 알았다. 하늘에서 내려다보면 일본日本의

'日'자가 보이도록 설계한 일제의 치밀함에 치를 떨던 역사
선생님은 그러나 수치스럽다고 과거의 흔적을 함부로
없애서는 안 된다며 냉정을 되찾았다. 선생님의 바람과 달리
국립중앙박물관은 1996년 완전 철거되었다. 석조 건물이니
분해해 다른 곳에 재조립해 세우자는 의견도 있었으나 애초에
없었던 듯 말끔히 사라졌다. 스무 살 적 '허문다고 사라질까'
혀를 차며 국립중앙박물관 철거 뉴스를 보았다.

조선왕조에서
가장 먼저 세운
궁궐, 경복궁.
북악산과 남산의
정기를 두루
받는 자리에
세워졌다.

    잡지기자로 살던 서른의 어느 날, 편집장이 대뜸 물었다.
"처음 서울 왔을 때 어디가 제일 가고 싶었어?" 난데없는 촌년
취급에 어리둥절했지만, 노인 공경의 도를 일깨워 차분히
"서울 하면 궁궐이죠"라고 답했다. 편집장은 다소 시시해진
얼굴로 이유를 물었다. "부산에는 궁궐이 없으니까요!"
당연한 사실인데 그녀는 무척 놀라워했다. 광화문사거리
일민미술관과 동화면세점 사이, 동서로 가로지른 횡단보도
중간에서 처음 광화문을 바라본 순간, 내리쬐던 빛의 밀도와
파장에서 어찌하여 조선왕조가 한양을 도읍으로 정했는지,
왜 저곳에 법궁法宮을 세웠는지 단박에 알 수 있었다. 경복궁
너머 호위병처럼 뒤를 받치는 북악산의 산세는 그림 같은
전경에 용의 눈이었다.

 마흔이 머지않은 30대 후반, 나날이 궁궐이 좋아져 툭하면 궁궐에 간다. 경복궁에 가면 우선, 광화문과 근정문 사이 너른 빈터에 서서 궁궐만의 공간감을 욕심껏 감상한다. 높이는 아늑하고 넓이는 넉넉한 궁궐 건축은 자본을 벽돌 삼은 초고층 빌딩과 대조를 이룬다.
 지상의 공간만큼 광대한 공중을 누리고 너른 박석薄石을 밟으며 나무와 흙과 돌로 지은 전각에 다가가는 동안에는 언제나 늑골부터 부풀어 오른다. 경복궁을 세운 태조의 심정으로 근정전勤政殿, 경복궁의 정전 등에 지고 광화문을 굽어본다. 자객이 아무리 무섭다 한들 초목 하나 뵈질 않는구나.
 "여봐라, 나무 죄 어디 심었느냐?"

⊢ 봄은 동東으로 온다

경복궁에 갈 때는 남으로 환히 열린 광화문보다 소담한
동문으로 드나든다. 살던 북촌에서 걸어서 10분이면
들 수 있다는 건 다리의 변이고, 실은 성대한 마중에 마음이
붙들렸다. 동문으로 들면 사시사철 꽃개오동이 맞아준다.
"아줌마, 오늘 휴궁일이에요!"라고 크게 소리치는 매표소
직원이 분위기를 잡쳐도 "나무 보러 왔거든요!(어따 대고
아줌마래?)" 쏘아붙이고 입구에서 꽃개오동만 올려다보고
돌아나간 날도 있었다.

꽃개오동이 선 동문은 실은 국립민속박물관 출입구다.
실제 경복궁의 동문인 건춘문建春門은 남쪽으로 200여 미터
떨어진 데 있지만, 여닫지 않은 지 오래되었다. 건춘문은
조선 태조 때 지어졌으나 임진왜란 때 경복궁과 함께 불타
사라졌다가 고종 때 다시 지었다. 건춘이란 '봄이 시작된다'는
뜻으로 만물이 움트는 봄은 방위 상 동쪽에 해당하여 그리로
문을 냈다. 봄을 맞아들인 건춘문 앞에는 왕세자가 머무는
춘궁春宮을 세웠다.

꽃개오동은 이름만 놓고 보면 오동나무, 벽오동과
친척쯤 될 것 같지만 다 다른 문중 자손이다. 오동나무는
현삼과, 벽오동은 벽오동과, 개오동과 꽃개오동만 같은
능소화과다. 개오동에 '꽃'을 붙인 데서 알 수 있듯, 두 나무는

경복궁의 동문, 건춘문에서 북쪽으로 조금 더 올라간 자리의 동쪽 출입구. 꽃개오동이 오가는 이들을 성대하게 맞아준다.

꽃개오동
꽃은 선명한
허니 가이드로
곤충을
유인한다.

꽃개오동 열매는
긴 막대처럼
생겼다. 밤에
불 들어오면
유성우流星雨가
따로 없겠다.

꽃 모양이 조금 다를 뿐 외관 상 별 차이가 없다. 개오동 꽃은
연노란빛이고, 꽃개오동 꽃은 흰빛이다. 하이얀 꽃잎에는
노란색 두 줄이 선명하고, 줄 옆으로 자주색 점이 무수히
이어지는데, 이처럼 눈에 잘 띄는 색과 무늬로 꿀샘의 위치를
알려주는 꽃의 패턴을 허니 가이드honey guide라 한다. 매개
곤충이 비행기라면 허니 가이드는 활주로 유도등에 해당한다.
활주로에 해당하는 아래꽃잎은 살짝 내려앉았으면서 끝이
말려 올라가 곤충이 안전하게 착지, 드나들기 쉽게 한다.
이처럼 꽃개오동 꽃은 참 밝고 친절하다.

곰곰이 생각해 보면 꽃은 중매쟁이에게 잘 보인다. 정작 잘 보이고 싶은 건 다른 나무에 달린 암술이나 수술, 암꽃이나 수꽃일 텐데 곱게 차려 입고 꿀까지 바치는 건 중매쟁이다. 바람과 물이 중매한다고 덜 서러울까. 만지지도 못한 임과 자식만 낳는 건 나무의 비애일까, 축복일까. "발이라도 있으면은 님 찾아갈 텐데, 손이라도 있으면은 님 부를 텐데". '잡초'의 노랫말은 산천초목의 애창곡이 될 만하다. 하나 그래서 한자리에 붙박인 줄 알았던 나무는 큰 자유를 얻는다. 씨앗이 못 갈 곳이 그 어디인가. 누가 나무를 감히 정적靜的이라 평하는가. 나무는 바람 따라 강물 따라 벌나비 따라 무한無限히 이동한다.

꽃개오동은 겨울이면 다소 괴괴해 보인다. 허니 가이드가 발달한 덕분인지 열매 한번 많이 달린다. 게다가 열매는 길이가 길기도 해 30센티미터 넘는 것이 태반이다. 늦겨울까지 지지 않은 긴 열매는 나무 전체에 매달려있다. 바람이 불면 열매는 응원수술처럼 찰랑찰랑 신명나게 흔들린다. 그러다가도 바람 따라 해 떨어진 밤, 우람한 꽃개오동은 더할 나위 없는 문지기의 모습이 된다. 모진 겨울 추위에도 움츠러들지 않고 듬직하다. 기다리는 것이 있으면 무엇도 두렵지 않은 법이다.

드디어 봄! 경복궁에서 제일 먼저 봄을 맞는 꽃개오동이 푸르고 연한 잎을 흔들어댄다. 심장 모양의 작은 잎은 봄에게 어서 오라는 손짓이다. 봄은 그 성대한 마중이 좋아 자꾸만 동東으로 온다.

한여름의
꽃개오동.
푸름의 절정으로
치닫는다.

한겨울의
꽃개오동.
마름의 절정으로
치닫는다.

├ 가을은 서녘으로 온다

경복궁 서쪽 담장에는 건춘문과 마주한 서문西門, 영추문迎秋門이 있다. 규모와 형태가 건춘문과 유사하며, 건춘문과 똑같이 임진왜란 때 불타 사라진 것을 고종 때 다시 세웠다. 일제강점기 때 영추문 앞에 전차 종점이 들어섰는데, 반복되는 진동으로 문의 석축이 무너져 내리면서부터 두 문의 운명은 완연히 달라졌다. 영추문은 1975년 원래 위치에서 더 남쪽으로 내려간 자리에 다시 세워졌으나 돌이 아니라 철근 콘크리트 구조로 복원했다. 가을이 찾아드는 고매한 문의 품격은 석축과 함께 무너져 내렸다.

하여 영추문은 가을을 영접하는 일을 제 앞의 화살나무에게 넘겼다. 떨기나무에 속하는 화살나무는 길가에 흔히 심는 나무다. 건춘문 앞 인도에도 화살나무가 심어져있다. 회양목처럼 가지치기에 강한 화살나무는 성인 허리에나 닿을까 하는 것이 대부분이다. 자라면 내쳐지고 자라면 내쳐지니 마음껏 자라지 못한다. 줄기의 코르크를 발달시켜 봤자 전지가위의 전능함에 배겨낼 수 없다. 길가 화살나무 중 백의 아흔아홉은 지친 모습이다.

경복궁 영추문 앞 화살나무는 백의 하나다. 차지한 대지 면적이 가까이 선 왕버들 못지않다는 건 과장이고, 어쨌든 어마어마하다. 사람은 "내가 꾸미면 이 정도로 예뻐!"

경복궁의 서문, 영추문 앞에는 본연의 모습 그대로 자란 화살나무가 산다.

겨울눈에서 이제 막 돋아난 화살나무 잎, 분과分果로 가운데가 갈라지는 화살나무 열매, 코르크질의 날개가 발달한 화살나무 가지.

화살나무
잎은 가을날
진분홍에서
진홍으로
찬란하게 물든다.

경복궁

코르크
날개처럼
메마른
겨울이
찾아왔다.

경박하게 뻐기지만, 화살나무는 "난 그냥 두면 이리 돼!" 태연히 아름답다. 궁궐 밖 화살나무는 초식동물 대신 사람의 해코지에 자랄 새가 없는데 궁궐에서 융숭한 대접을 받는 화살나무는 더없이 찬란하다. 이른 가을이면 '누가 나무에 붉은 치마를 내어던졌나' 싶게 새빨갛게 물든다. 가을이 깊어질수록 화살나무 잎은 고운 진분홍에서 진홍으로 타오른다. 영접에 화답하듯 가을은 화살나무에 오래도록 머물다 간다.

영추문 너머 노을빛이 보태지면 화살나무는 더욱 짙어진다. 절정을 느낀 가을은 이제 그만 떠나간다. 가을 떠난 자리, 불에 탄 듯 검붉은 화살나무 잎이 아쉬운 마음을 우수수 떨어뜨린다. ✳

낭창거리는 앞뜰

경복궁
말채나무

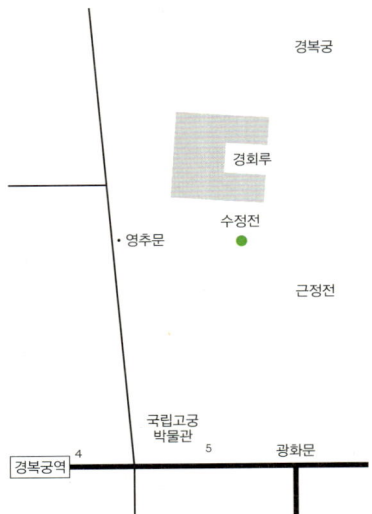

ㅏ 낭창낭창의 참뜻

나무의 정체를 밝힐 실마리는 한 가닥이 아니다. 나무는 여러 단서로 자신을 알린다. 하나 전체 모양과 나무껍질, 이파리는 나이와 사는 데에 따라 얼마든지 달라질 수 있다. 싹 틔운 지 3~4년 안의 어린 나무와 100년 된 노거수의 모습이 같을 리 만무하다. 사람도 어릴 때는 제 체형과 얼굴을 드러내지 않듯 나무도 어릴 때는 저 같지 않을 때가 많다.

줄기가 연필만 할 때는 느티나무 껍질도 매끈하고, 물푸레나무 줄기에도 흰색 반점이 드러나지 않는다. 뽕나무는 한 가지에도 벙어리장갑 모양의 잎과 깻잎 모양의 잎을 함께 틔우고, 같은 양버즘나무의 2년 된 가지와 새로 난 맹아지萌芽枝, 줄기가 잘리거나 큰 가지가 고사하는 등 뜻하지 않은 상황이 닥쳤을 때 휴면상태에 있던 잠아潛芽에서 자란 가지의 이파리는 딴판이다. 꽃과 열매는 그나마 변형이 덜하지만 매달린 사이가 길지 않다. 한 열흘 바쁘면 못 볼 때가 허다하다. 가장 오랫동안 뚜렷한 특징을 드러내는 것은 겨울눈이다. 허나 눈물방울 같이 작은 겨울눈을 보고 나무를 구분하는 건 어지간한 일이 아니다.

그런 점에서 말채나무는 고마운 나무다. 알아보기 쉽게 매 계절 뚜렷한 단서를 남긴다. 우선 나무껍질이 남다르다. 솜씨 없는 나전장의 끊음질을 확대해 놓은 듯 직사각형의

경복궁 경회루
앞에는 큰
말채나무가
산다.
말채나무는
가지가
낭창하고,
줄기의 무늬가
확연하다.

조각이 줄기 전체에 이어진다. 또 하나의 두드러진 특징은 이파리다. 층층나무과 Cornaceae에 속하는 층층나무와 산딸나무, 산수유, 그리고 말채나무는 이파리 모양이 닮았다. 잎 가장자리가 시폰chiffon 소재의 리본처럼 주름져 오글거린다. 가지의 특징도 뚜렷하다. 낭창낭창하기가 말채(찍)로 쓰기 좋은 정도라 말채나무라는 이름이 붙었다. 이름을 그리 지었을 당시에는 쓰임새가 대단했을 터인데 '말채로 쓰기 좋은 정도의 낭창낭창함'이 무슨 뜻인지 도통 모르겠다. '가죽도 허다한데 왜 번거롭게 나뭇가지를 다듬어 쓴단 말인가' 말 탈 일 없는 이 시절 사람은 의아할 뿐이다.

　대신 요즘 사람은 말채나무 가지가 날씬하니 다이어트에 효과가 있을 것이라는 해괴한 소문을 퍼뜨리고, 급기야 자생하는 말채나무 노거수 가지를 모조리 잘라버린다. 2013년 1월, 충북 단양군 금곡리 김모 씨의 밭 언덕에 자생하는 100년생 말채나무와 20~30년생 말채나무 가지를 누군가 몽땅 베어 갔다. 가지 우린 물을 마시면 날씬해진다며 말채나무를 속칭 '빼빼목'이라고 부르는 촌극이 낳은 비극. 차라리 이쑤시개를 삶아 먹을 것이지, 낭창낭창한 회초리로 좀 맞아야 할 사람 많다.

├ 부드럽게, 그리고 연하게

낭창낭창은 "가늘고 긴 막대기나 줄 따위가 탄력 있게 흔들리는 모양"을 뜻한다. 어감도 좋고 뜻도 좋다. 물의 흐름, 바람의 흐름을 닮은 말이다. 가장 좋아하는 성질로 '유연성'을 꼽고, 살면서 가장 기억에 남는 칭찬이 "자네는 어찌 그리 유연한가?"면서 유연함을 표현한 부사를 듣고 떠올리는 것이 겨우 회초리뿐이다. 아쉬움을 달래려 애쓰니 겨우 하나 더 떠오른다. 지난겨울에 보았던 흰말채나무의 붉은 가지가 딱 낭창낭창했다.

경복궁 수정전 앞의 말채나무는 거목이라 손닿는 가지가 별로 없다. 허나 흰말채나무는 떨기나무라 키가 고만고만해 쉽게 만져진다. 열매가 희어서 이름 앞에 '흰'이라는 형용사가 붙었지만, 흰말채나무를 지배하는 건 붉은색이다. 흰말채나무 가지는 바람 따라 이리저리 흔들린다. 갈대가 부럽지 않게 유연한 허리를 구부려 붉은 춤을 춘다. 만지면 만지는 대로 부드럽게 휘어진다.

나무하면 강직強直이 떠오른다. 그것은 줄기의 이야기다. 가지는 유연하다. 유연柔軟은 부드럽고 연하다는 뜻이다. 휘나 꺾이지 않고 약하나 사라지지 않는 것, 그것이 더 강하고 오래 간다는 것을 살수록 절감한다. 유연한 가지가 있기에 줄기는 곧게 뻗어오를 수 있다. 온몸으로 바람에 맞서면 부러지는 건 바람이 아니라 나무다. 가지가 줄기처럼 곧기만 했다면 아마 모든 나무는 전봇대 같은 모습이 되었을 것이다. 가지는 바람 따라 흔들리며 자연의 말을 경청한다. 통섭通涉하고 순응順應한다.

아이는 왜 가던 길을 멈추어 말채나무를 올려다보고 섰을까. '낭창낭창' 그 뜻을 알아차렸나.

말채나무 잎은 층층나무과의 다른 나무처럼 가장자리가 구불구불하다.

까맣게 익은
말채나무
열매는
한옥 처마의
검은 기와와
잘 어울린다.

흰말채나무는
줄기와
겨울눈이
붉다. 열매가
희어서
흰말채나무라
부른다.

가을이면
말채나무
아래는
알록달록
단풍든 잎과
까만 열매로
아름답다.

세종 때 집현전으로 쓰인 경회루 앞 수정전과 마주한 자리의 큰 말채나무. 바람 좋은 날이면 그 아래 들어앉는다. 말채나무 이파리는 물결 같은 주름을 뒤틀다가 이내 탱고를 춘다. 늘어진 가지는 빗자루처럼 공중을 쓸어가고 쓸어오며 탱고에 운율을 보탠다. 그 사이로 '낭창낭창' 네 음절, 아련히 반복된다. 말라서 좋은 것이 아니라 유연해서 좋구나. 살아가는 작은 도道를 나무 아래서 공호으로 얻는다. ✳

나무는
봄마다 회춘回春한다

창덕궁
회화나무

├ 진정 그림이로다

　궁궐에는 나무가 많다. 땔감 때려 베지 않고 시들하면 돌봐주니 노거수老巨樹가 수없다. 한눈에 시선을 앗는 기품과 위용을 가진 크고 오랜 나무는 궁궐의 품격을 든든히 받친다. 조선의 궁궐에는 저마다 대표 노거수가 사는데, 경복궁의 왕버들, 창덕궁의 향나무, 창경궁의 주목, 덕수궁의 가시칠엽수가 그러하다. 그런가 하면 모든 궁궐에 뿌리 내린 발 넓은 노거수도 있다. 회화나무다.

　그림 같이 잘 생겨 회화繪畫나무인가 했는데, 회화나무를 뜻하는 한자 괴槐의 중국 발음이 우리말 '회'와 비슷해 회화나무가 되었다고 전해진다. 한자로 괴槐는 회화나무 말고도 느티나무를 이르기도 하니 덮어놓고 회화나무라 여기면 낭패를 볼 수도 있다. 또 회화나무 회, 느티나무 괴라고 쓰는 '欜'라는 한자도 있다. 같은 자를 쓰면서 회화나무일 때는 회, 느티나무를 이를 때는 괴라고 읽어 구분한다. 두 나무 모두 너른 자리에서 오래 사는 나무로 숭상 받으며 온갖 것을 다 내어주었는데, 제 이름 한 자 제대로 얻지 못했다.

　어린 회화나무는 곧게 자라지만 노거수는 줄기와 가지가 마구 뒤틀어져 박제된 아지랑이 같이 구불구불하다. 낮에는 그리 보이는데 달 뜬 밤이 되면 으스스해진다. 갓 베어진

메두사의 머리, 포효하는 아귀의 손아귀는 금시라도 생동해 다가올 듯하다. 그러고 보니 괴槐는 나무 목木에 귀신 귀鬼를 합한 글자다. 귀신이 보았대도 놀라 달아났을 '나무귀신'은 그리하여 악귀를 물리치는 나무라 여겨졌다. 양반네는 물론이고 궁궐에서도 반겨 심었다. 창덕궁 돈화문敦化門, 창덕궁의 정문 안마당에도 오래된 괴목槐木이 산다.

　　임진왜란 때 재가 되어버린 창덕궁은 광해군 때 다시 지어졌다. 법궁法宮인 경복궁에서 왕이 이따금 옮겨가는 이궁移宮, 법궁의 동쪽에 있다 해서 동궐東闕이라 불린 별궁別宮이었다. 궁궐의 정문正門과 왕이 정사를 돌보던 정전正殿은 광화문과 근정전처럼 일렬로 배치하는데 돈화문을 열면 인정전仁政殿, 창덕궁의 정전 대신 조붓한 안마당이 나온다. 돈화문의 동북쪽에 자리한 인정전은 안마당 지나 금천교 건너 인정문을 열어야 겨우 만날 수 있다. 정문으로 들어가 오른쪽, 왼쪽 길을 두 번은 틀어야 한다. 자연이 보듬은 순순한 창덕궁은 궁궐의 전모가 한눈에 뵈지 않아서인지, 머물고자 하는 왕이 많았고 차츰 본궁 역할을 했다. 결국 연산군 때 돈화문은 크고 높게 고쳐 세워졌다. 돈화문에 들어서면 가장 먼저 반기는 것이 회화나무군群이다. 왕을 맞는 조정 대신인 양 가로에 단정히 섰다.

창덕궁
돈화문은
회화나무와
어우러져
비로소 궁궐
정문의 위용을
갖춘다.

창덕궁에서
가장 먼저
객을 맞는
회화나무군群.
궁궐 담장과
비슷한
연배인데 키는
훨씬 크다.

창경궁
회화나무는
비통한 기억
때문인지
곧추서지
못한다.

49만여 제곱미터가 넘는 거대한 창덕궁은 절반 이상이 후원, 곧 숲이며 무려 1만6000여 그루의 나무가 살아간다. 그 덕분인지 창덕궁은 조선 궁궐 중 유일하게 향나무 수령 750여 년, 다래나무 수령 600여 년, 뽕나무 수령 400여 년, 그리고 여덟 그루의 회화나무군 수령 300~400년까지 네 종의 천연기념물이 산다. 광해군 때 궁궐을 새로 지으면서 심었다는 뽕나무와 회화나무군은 2006년 식목일, 나란히 천연기념물 제471호, 제472호로 지정되었다. 한데 무슨 연유로 이 멋들어진 나무는 우거진 후원 말고 대문 앞에 나와 섰을까. 중국에서는 궁궐에 삼정승을 상징하는 회화나무를 심었는데, 조선에서도 이를 그대로 받아들인 까닭이다.

회화나무군은 1830년 이전에 그린 것으로 추정되는 동궐도 東闕圖, 창덕궁과 창경궁을 아울러 그린 16폭의 궁궐 배치도 에도 버젓하다. 그때나 지금이나 자태는 매양 수려하다. 창덕궁 천연기념물 중에서는 막둥이지만 키가 15미터쯤 되니 담장 아래 가려진 줄기보다 위로 솟은 줄기가 더 길다. 반듯한 돈화문과 기묘한 회화나무는 기차게 어울린다. 회화나무가 있어 돈화문은 비로소 궁궐 정문의 품위를 완성한다. 담담한 궁 담과 유려한 궁 문, 그리고 오랜 나무는 직선과 곡선, 검정과 초록으로 어우러진다. 보태고 감할 것 하나 없는, 모든 찰나 생동하는 회화 繪畵다.

├ 노거수는 불가능한 생의 지점을 산다

창덕궁과 이웃한 창경궁에도 회화나무가 산다. 땅에 닿을 듯 위태한 형상이 기괴하다. 위로 자랄 힘이 없는지 나무는 지상과 나란히 가지를 뻗는다. 사도세자의 뒤주가 놓인 자리, 그 곁에서 저버린 천륜에 피맺힌 신음을 들어야 했던 나무는 그 기억을 잊지 못하는지 속이 다 비었다. 떠날 수도 잊을 수도, 스스로 죽을 수도 없어 속을 다 게워낸 걸까.
한 자리에서 나 어긋난 방향으로 등 돌린 회화나무 두 그루는
영조와 사도세자, 비극적인 부자의 모습을 형상화한 모습이다.
고통에 몸부림치는 듯 뒤틀어진 두 나무의 모습은 바라볼수록
애처롭다. 매끈한 철골 지지대만이 이끼 핀 세월을 부축할
뿐이다.

　　궁궐이 모여있고 양반네가 많이 모여 산 때문인지
종로 일대에는 오랜 회화나무가 많다. 조계사에도 600살
넘은 회화나무가 산다. 대웅전 앞에 선 노거수는 수만 가지
소망을 담은 색색의 연등 속에 유독 검고 우람하다. 조계사의
회화나무는 창경궁의 회화나무와 비슷한 연배일 텐데
그 자태가 이리 다르다. 원통을 기억하는 나무와 소망이 매어
달린 나무의 삶은 자태에 그대로 배었다.

　　낡은 조국을 새로 세우려 했으나 사흘 만에 막을 내린
개혁, 갑신정변을 지켜본 조계사 옆 우정총국의 회화나무와
격변기 서울을 기억하는 정동길 한중간의 회화나무는 못 이룬
꿈을 전하는 사신인지 애절한 기운이 감돈다. 그런가 하면
또 배우고자 하는 이들이 모여드는 정독도서관 회화나무는
진정 '학자수'의 위용이다. 영어로 'Chinese Scholar Tree'라
쓰는 회화나무는 집 안에 심으면 큰 학자가 나온다고 해서
학자수라고도 불린다. 그 자태가 가없는 학자의 자유로운
기상을 상징한다 했던가. 회화나무 가지는 진정 하늘 끝에
가닿으려는지 끝없이 뻗어나간다.

조계사
회화나무에는
간절한 기운이
감돈다.

우정총국 앞
회화나무에는
애절한 기운이
감돈다.

　　인사동 큰 길에서 한길 벗어난 SK건설 관훈빌딩 옆
쉼터에도 크고 오랜 회화나무가 산다. 400살 넘은 나무는
인근의 회화나무들처럼 기기묘묘한 모습이다. 회화나무 남쪽
건물에 있는 회사에 다니던 수년 전 겨울, 처음 나무를 보았다.
회화나무는 봉산탈춤 흥겨운 춤사위에 날아오른 한삼자락인 양
줄기와 가지를 사방으로 뻗치고 있었다. "이 땅은 내 땅이다.
아무리 그늘을 드리운들 내 한 발 물러나나 보아라." 동서남북
높은 건물에 에워싸인 각박한 신세에 아랑곳없이 나무는
고고한 자존으로 수직과 수평을 장악하고 있었다.

인사동길에서
가까운
SK관훈빌딩 앞
회화나무는
고고한 자존으로
공간을 장악한다.

회화나무 열매는
꼭 늘어진
염주를 닮았다.

회화나무

 한겨울 지나 봄이 되자, 노거수는 연둣빛 빔을 입고 깨춤을
추었다. 저 높은 가지에서 여린 잎 하나 바람에 떨어져 내렸다.
순간, '고목은 봄마다 회춘하는구나' 크게 깨달았다. 죽은 듯이
보였던 검은 줄기의 어린잎은 어린 나무에 돋은 새잎과
별다를 것이 없었다. 여름, 고목에 꽃이 피었다. 원추 모양
꽃대에 자잘한 송이가 빼곡하다. 짙푸른 잎사귀 위에 연노란
꽃무더기가 듬성듬성, 여름에 내린 눈인 양 온 나뭇가지가
소복이 하얗다. 구시월 되니 꽃 진 자리마다 염주가 달리었다.
동글동글 완두콩 같은 열매가 꽁무니를 붙들고 연이은 모양은

창덕궁
회화나무에
봄이 돌아왔다.
노거수는
봄마다
회춘한다.

정독도서관 앞
회화나무에서
꽃 한 송이
떨어진다.

떨어진 꽃이
모여 산을
이루었으나,
도심에서는
그저
쓰레기더미일
뿐이다.

영락없이 늘어진 염주다. 잎이 죄 사라지면 나무는 다시 빈 몸이 된다. 그늘 대신 그림자가 길어진다. 겨울이다.

　　나무는 봄이면 푸르러져 여름에는 짙어졌다 가을에 열매 맺고 겨울이면 다 내려놓는다. 그리하여 새것 들일 채비를 한다. 우리가 지나갈 생의 지점을 진즉 살아내고 우리가 영원히 지날 수 없는 생의 지점에 선 나무, 천 번의 계절을 산 나무 아래에 서면 나이 듦은 그저 늙어가는 것이 아님을 알게 된다. 반복되는 나날을 보다 현명하고 풍요롭게 사는 것, 순간이 곧 일생임을 나무는 말없이 가르친다. ✻

그리움
나날이 익어감

창덕궁
감나무

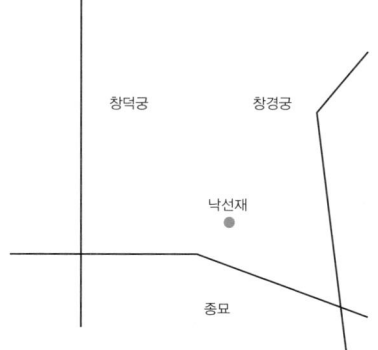

⊢ 창조적인 덕 創德

"경복궁과 창덕궁 중에 어느 궁궐이 더 좋아?" 궁궐에 자주 다니면서 가끔 받는 질문인데, 그럴 때면 주저 없이 "창덕궁!"이라고 답한다. 경복궁은 북악산 아래 네모반듯하게 들어차 호방한 기운이 흐르는 데 비해, 굽이치는 길을 따라 전각이 들어선 창덕궁은 은근하니 신비롭다. 선분으로 표현한다면 경복궁은 직선이고, 창덕궁은 곡선이다. '만약 조선의 왕이었다면 분명 창덕궁을 집으로 삼았을 것이다' 생각하면 괜히 뒷짐이 지어지고 헛기침이 나온다.

창덕궁은 조선의 5대 궁궐 중에서 임금이 머무는 정궁 역할을 가장 오래한 궁이다. 동서남북에서 훤히 들여다보이는 경복궁에서 왕은 곤룡포 안에서나 자유로웠을 테다. 그에 비해 창덕궁은 감았다 풀어내는 살풀이와 같은 멋을 가졌기에 마음 한 자락 숨겨놓을 데 있었을 것이다.

하나 역사의 소용돌이는 아름다운 창덕궁마저 휘감았다. 1592년 임진왜란으로 다 타버린 후 창덕궁의 수난은 본격적으로 시작된다. 1623년 인조반정이 일어나면서 여러 전각이 불에 타 사라졌고 1882년 임오군란과 1884년 갑신정변 등 여러 정변이 잇달아 벌어졌다. 드므 화마가 물에 비친 제 모습을 보고 놀라 도망가게 하려고 물을 담아 전각 앞에 놓는 큰 독가 무색하게 1917년에는 대화재로 침전 건물에 불이 났다. 일제강점기에도 파란은 계속되었다. 인정전仁政殿에서 한일합병조약이 맺어지면서 창덕궁의 치욕은 극에 달했다. 경복궁의 여러 전각이 창덕궁으로 이전해 오는가 하면, 몇몇 전각은 일제의 용도에 맞게 변형되었다. 자연을 따라 고귀한 창덕궁은 국운에 따라 비참한 신세가 되었다. '덕이 창성하라昌德'는 바람은 바람결에 흩어져갔다.

    1997년 유네스코 세계문화유산에 등재되며 창덕궁은 스러진 명예를 다소 회복했다. 그런데 조선의 여러 궁궐 중에서 창덕궁만 등재된 배경은 무엇일까. 조선 궁궐 중 그 원형이 가장 잘 보존되었다는 것 말고, 유네스코가 밝힌 설명문에서 가장 눈에 띈 대목은 '창조적 변형'이다. 경복궁이 굴곡 없는 평지에 들어선 데 비해 창덕궁은 평탄치 않은 언덕 자리에 있다. 얼마든지 평탄하게 다듬을 수 있었을 텐데 창덕궁은 풍수지리 사상을 따라 있는 그대로의 지형을 살렸다. 그에 따라 전각은 남쪽에 배치하고, 북쪽 구릉에는 광대한 숲을 조성했다. 후원은 등 뒤에 산이 먼 창덕궁을 든든히 후원한다. 당대의 지관이 없어 확인할 길은 없으나, 풍수지리 상 1405년에 지어진 창덕궁은 600년 후에 제 가치를 인정받게 돼 있었는지 모른다.

창덕궁 후원은 한국 정원 건축의 백미다. 한쪽 눈썹은 정자고, 한쪽 눈썹은 숲이다.

재동초등학교에서
원서동으로
향하는
내리막길에서는
창덕궁의
아름다운 면모가
제대로 보인다.

단청을
칠하지 않은
낙선재는
소박하고
정겹다.

결과적으로 창덕궁은 자금성, 경복궁과 같은 전형적인
궁궐 건축의 공간 구성과 배치를 따르지 않았다. 전각은
유교 양식이어도 자연 환경을 따른 배치는 궁궐 건축의
새로운 전형이라 할 만큼 파격적이다. 창덕궁은 전통의
풍수지리 사상과 조선시대 정치사상인 유교 정신을 건축에
조화롭게 반영한 동시에 정형성을 벗어나 수준 높은 건축을
완성했다는 데서 높은 점수를 받았다. 창덕궁의 '창조적 변형'은
창조만 좇거나 변형만 추구하는 이 시대에도 유효한 가치다.

├ 좋은 것을 즐겨라
──────────

작업실이 창덕궁 담장과 마주한 자리에 있어 궁궐을 자주
걷는다. 처음에는 관광객 모드로 궁궐 해설을 들었지만, 지금은
주민 모드로 인정전仁政殿, 창덕궁의 정전, 대조전大造殿(중궁전
처소에는 용마루가 없는데 임금이 들면 한 지붕 아래 용이 둘이
되어 그리 지었다거나, 용인 임금이 와야 완성되는 건물이라는
설명이 특히 인상적이었다)을 거치지 않고 곧장 낙선재樂善齋로
간다. 궁궐 전각은 그 풍채와 기개가 대단해 자주 보아도
다소 주눅 들곤 하는데, 낙선재는 그냥 집 같다. 팔작지붕을
얹고 아궁이를 내기 위해 누마루를 높였는데도, 정감이 돈다.
단청을 입히지 않아서 원목 그대로의 질감과 색감이 순순하고,
들보와 기둥, 문과 문살의 결 고운 나무에서 흘러나온 향이
은은하고 깊다.

어느 일요일 아침, 낙선재를 찾았다가 행운을 누렸다.
마침 '고궁에서 우리음악 듣기' 공연이 시작될 참이었다.
2009년부터 상설공연으로 자리 잡아 창덕궁, 경복궁,
덕수궁과 종묘 등지에서 열린다는데, 재작년 낙선재에서는
연극배우 박정자와 정동환이 해설자로 참여해 '조선의
러브스토리'를 들려주었다. 해설과 해설 사이에는 판소리,

감꽃 진
자리, 감이
영글어간다.

시조창, 산조와 춤 등 전통 예술 공연이 펼쳐졌다. 봄볕이 곧 조명이요, 하늘과 구름이 곧 무대장치였다. 특수효과로는 봄바람이 불어왔다. 공연 내용도 좋았지만 무엇보다 공연장이 으뜸이었다. 볕 좋은 날, 아끼는 곳에서 좋은 소리를 듣는 것이야말로 '선善을 즐거워한다樂'는 낙선재의 의미에 꼭 들어맞는 일 아니던가.

공연의 여운은 짙어서 쪽마루에 앉아 텅 빈 뜰을 오래도록 바라보았다. 천지에 가득하던 신명은 어디로 가고 어느새 뜰에는 찬 기운이 고였다. 제 집인 양 종종 드나드는 너구리라도 나타나주길 바랐건만, 뜰에 고이는 건 아릿한 바람뿐이었다. 함께 공연을 본 동행이 느리게 입을 뗐다.
"덕혜옹주는 얼마나 쓸쓸했을까."

지금은 창경궁과 맞댄 자리, 창덕궁 궐내에 있지만 낙선재는 원래 창경궁에 속했다. 그래서 아예 창경궁으로 분류해 소개하는 책도 있다. 정조의 아들, 헌종이 왕실의 권위와 개혁의지라는 거창한 포부를 실천하기 위해 만든 곳이다. 대단한 업적을 남긴 아버지 정조가 정치 개혁의 의지를 보였듯, 새 공간을 지어 그 뜻을 이으리라 공표했다. 낙선재와 이웃한 석복헌과 수강재까지 아울러 낙선재 일대라 불리는 그곳에 헌종은 대왕대비를 머물도록 했다. 훗날 인정전에서 쫓겨난 후대의 왕이 낙선재에 기거할 줄은 헌종은 상상도 못했을 것이다. 순종과 함께 낙선재에서 지내던 순정황후는 아예 낙선재에서 생을 마쳤다. 영친왕 이은과 그의 아내 이방자 여사, 그리고 고종의 외동딸이며 마지막 황녀 덕혜옹주도 낙선재에서 마지막 천장을 보았다. 어엿한 전각에서 편히 잠들어야 할 이들은 외떨어진 낙선재에서 죽은 듯이 살다 죽어갔다.

감잎은
참기름을
바른 양
매양 윤기가
자르르하다.

ㅏ 감꽃처럼 수수하게

  덕혜옹주의 일생을 행불행幸不幸 그래프로 그리면 시작점이 최고점인 사선에 가깝다. 실제로 고종의 자손은 9남 4녀였지만, 모두 죽고 장성한 자손은 순종, 의친왕, 영친왕, 덕혜옹주까지 3남 1녀뿐이었다. '황족은 일본에서 교육 받아야 한다'는 요구에 영친왕을 일본에 볼모로 보내고 쓸쓸하던 때, 고종은 환갑에 얻은 귀한 딸 덕혜를 유독 아꼈다. 딸이 태어난 덕수궁에 유치원을 따로 만들어줄 정도로 지극했다. 하지만 덕혜옹주의 행운은 열두 살에 끝나버렸다. 볼모로 끌려가는 것을 막으려 한 고종은 비밀리에 덕혜의 약혼을 추진했으나 뜻을 이루지 못한 채 딸이 아홉 살 되던 해 한 많은 생을 마쳤다. 아버지를 잃은 열세 살의 덕혜는 결국 볼모로 끌려갔고, 낯선 이국에서의 생활을 견디지 못하고 신경쇠약 증세를 보이기 시작했다.

  잠시 병세가 호전되자, 일제는 덕혜를 대마도 번주藩主, 세력을 가진 영주 아들과 강제로 결혼시켰다. 사랑 없는 결혼생활에서 딸을 하나 얻었으나, 이후 정신분열 증세를 보인 덕혜옹주는 정신병원에 감금되고 결국 이혼을 당했다. 그럼에도 불행은 멈추지 않고 속도를 높여갔다. 하나뿐인 딸 정혜가 실종되고, 어디선가 투신자살했다는 흉흉한 소문이 나돌았다. 덕혜옹주는 정신이 맑을 때면 간절히 "마사에정혜의 일본 이름!"를 부르곤 했다. 쉰이 넘어서야 온전치 못한 정신으로 고국에 돌아온 덕혜옹주는 올케 이방자 여사와 나란히 낙선재에 머물렀다. 5년 간 서울대병원에 입원해 치료를 받았으나 그녀의 정신은 여전히 흐릿했다. 다음 해 오빠 영친왕이 운명을 달리했을 때에도 그 소식을 전해 받지 못할 만큼. 1989년 4월 22일자 한 일간지에는 '망국한亡國恨 속 일제 볼모 38년'이라는 제목의 기사로 전날

낙선재 앞에 감나무 한 그루가 오롯하다.

창덕궁 감나무

감나무
빛깔을
어디에
비할까.

감나무
나무껍질은
콜라주
기법으로
표현하기
좋게
생겼다.

창덕궁

감나무

영근 감도
한옥과
잘 어울리는
짝이다.

감 떨어진
자리에
덩그러니
남은
감꼭지는
가지에
붙은 마른
별이다.

감잎 단풍은
반질해서
더 곱다.

덕혜옹주가 별세했다는 소식을 알렸다. 덕혜옹주의 주치의가 말한 대로 "그분의 병은 망국의 병"이었다. 장례식은 임종을 맞은 낙선재에서 치뤄졌으며, 장지는 고종황제의 묘소가 있는 경기도 미금시 지금의 남양주시 금곡동 홍유릉이었다. "나는 낙선재에서 오래오래 살고 싶어요. 전하가 보고 싶습니다. 대한민국 우리나라"라는, 생전에 덕혜옹주가 남긴 글귀에는 간절한 바람과 애절한 그리움이 담겨있다. 낙선재에 오래 살고 싶다는 뜻은 이루지 못했으나 죽어서라도 그리운 아버지를 만났으니 사후의 행불행 그래프는 다시 오르막이 되었으려나. 덕혜옹주가 떠나고 열흘 뒤, 이방자 여사도 영영 눈을 감으면서 조선 왕족의 궁궐살이는 처량하게 끝이 났다.

    낙선재 앞에는 감나무 서너 그루가 서 있다. 마치 덕혜옹주의 애처로운 신세를 닮은 외떨어진 한 나무에 감이 영글었다. 붉은 감은 그녀의 피맺힌 한이런가. 그녀는 감꽃처럼 평범하고 수수한 삶을 원했을지 모른다. 왕조의 마지막 황녀라는 전 세계 하나뿐일 정체성 대신 사랑하는 아버지, 금쪽같은 딸과 오래도록 행복하기를 바라는 소박한 꿈을 꾸었을 텐데. 돌아오는 봄에는 덕혜옹주를 그리며 감꽃 보러 가야겠다. 2015년, 창덕궁의 봄꽃 중 낙선재 앞 감나무 5월 20일~6월 10일는 관람지 생강나무 3월 18일~30일, 낙선재 매화 4월 3~20일, 대조전 화계 앵두나무 4월 10~25일, 낙선재 화계 병아리꽃나무 4월 22~5월 15일에 이어 가장 늦게 피어난다. ✻

으쓱한 어깨
들썩한 궁둥이

창경궁
느릅나무

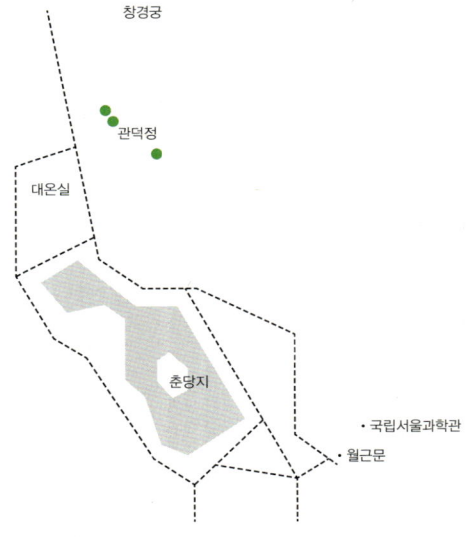

├ 아침 해를 향한 궁궐

2013년 8월 24일, 처서 다음날 아침 7시 창경궁에
갔다. 한여름이라 6시면 해가 뜨고 마침 날도 좋아 궁궐까지
걸어갔다. 이른 시각인데도 '창경궁의 아침' 공연을 보려는
이들은 홍화문弘化門, 창경궁의 정문 앞에 긴 줄을 이루었다.
매해 여름, 국립국악원은 창경궁 명정전明政殿, 창경궁의 정전과
통명전通明殿, 창경궁의 내전에서 궁중 음악을 선보인다.
　그날 조선시대 가곡 열창으로 시작한 공연은 봄날
나뭇가지 위에서 노래하는 꾀꼬리의 자태를 춤으로 표현한
독무, 춘앵전으로 이어졌다. 여섯 자 크기의 작은 화문석
위에서 펼치는 절제된 춤사위는 이른 아침의 싱그러운 정취와
잘 어우러졌다. 이어진 대금산조는 청명하고 곧은 소리로
공기의 결을 곱게 갈랐다. 무대에 오른 해설자는 창경궁은
동쪽을 향한 궁궐이라 아침나절이 유난히 아름답다며 공연의
취지를 에둘러 설명했다. 그러고 보니 아침햇살은 천천히
고도를 높이며 무대의 빛나는 후광이 되었다.
　고백하건대, 창경궁이라 발음할 적마다 '창경원'이
여음으로 들려왔다. 그 공연을 본 이후에야 창경궁은 '아침의
정기를 품은 궁궐'로 새로 각인되었다. 성종이 할머니와
어머니 등 세 대비를 위해 수강궁이 있던 자리에 지은 창경궁은

조선 5대 궁궐 중 주향主向이 남향이 아니라 동향으로 배치된 유일한 궁궐이다. 풍수지리 사상에 따라 홍화문과 명정전은 모두 동쪽을 향해 열리도록 설계되었다. 임진왜란과 여러 화재로 소실되고 재건되기를 반복하던 중, 일제가 동물원과 식물원을 설치하면서 많은 전각이 헐리는 수모를 겪었고, 결국 일본식 시민공원으로 격하되었다. 궁궐의 동물원은 불과 30여 년 전인 1984년까지도 손님을 받았다. 뒤늦게 정부가 나서 1981년 '창경궁 복원 계획'을 세우고 1983년 130여 종의 동물과 600여 종의 식물을 서울대공원으로 옮기면서 명칭도 창경궁으로 되돌렸다. 1984년 8월, 창경궁을 창경원으로 불리게 한 동물원이 철거되었다. 1985년부터 1년 간 궁궐 중건 공사가 진행되었는데, 이 무렵 일제가 심은 벚나무를 뽑아내고 그 기억을 덮으려는 듯 새 나무를 대거 심었다.

사는 나무가
다채로워
창경궁은 숲
공부하기에
마침맞다.

├ 서울 도심의 생태학습장

　서울에서 나무를 공부하기에 적당한 숲은 어디일까. 아마 창덕궁 후원이 번뜩 떠오를 것이다. 130여 종의 나무가 사는 후원은 30만여 제곱미터로 어마어마하게 넓은 숲이지만, 대부분이 비공개지역이며 정해진 시각에 해설사와 함께 관람해야 하는 제약이 있다. 입장료도 5000원으로 꽤 비싸다. 다음으로 남산이 떠오르는데 숲에는 함부로 들어갈 수 없으며, 길가에 자라는 나무 종류가 다양하지 않아 아쉽다. 2005년 문을 연 서울숲은 아직 어린 나무가 많다. 궁궐 중에서는 경희궁과 덕수궁의 조경이 뛰어나지만 둘 다 창경궁에는 미치지 못한다. 창경궁의 나무는 종류가 다양한 데다, 너무 작지도 크지도 않고 길가에 심어져 관찰하기 좋다. 숲을 공부하는 이들에게 창경궁은 더할 나위없는 학습장이다.

　숲해설가 전문과정 과제 중 하나인 '5대 궁궐 수종조사표'를 작성하면서 창경궁을 자주 드나들었다. 각 궁궐의 나무 수종을 식별해 각 나무의 특징을 목록화 하는 것인데, 어려운 한자로 된 식물 용어가 많아 처음에는 그 뜻을 헤아리는 데도 하루해가 짧았다. 어느 정도 용어에 익숙해지면 본격적인 수종조사를 시작한다. 가장 먼저 나무를 식별한 다음 침엽수인지 활엽수인지 큰 갈래를 짓는다. 잎은 홑잎인지 겹잎인지, 잎차례는 마주나는지 어긋나는지 돌려나는지 등 간단한 분류로 심신을 데운다. 다음에는 본격적으로 잎을 살피는데,

대온실에는
따뜻한
남쪽 지방
나무가
두루
살고 있다.

나뭇잎의 모양과 톱니, 그리고 잎맥과 잎 양 끝의 모양, 털의
유무, 잎자루의 길이 등을 꼼꼼히 봐야 한다. 꽃차례와 열매의
종류까지 수백 종의 나무에 대해 같은 방식의 조사를 반복한다.
창경궁에는 수종조사 항목에 포함된 대부분의 나무가 살아
조사를 진행하기에 수월하다. 하니 숲 동무들에게 창경궁은
말은 없으나 품은 넓은 최고의 스승이었다.

  보통은 서너 명씩 조를 이루어 수종조사를 하는데, 한 날
홀로 창경궁을 찾았다. 북한산에라도 오를 듯이 머리부터
발끝까지 등산복을 빼입고, 목에는 확대경인 루페 loupe 를 걸고,
겨드랑이에는 나무도감을 낀 채였다. 누가 보면 전문적인
조사원인지 알겠지만, 그저 나무를 오래도록 바라보는
시민일 뿐이었다. 저 나무가 호두나무인지 가래나무인지,
비술나무인지 참느릅나무인지 도통 알 길이 없다며 행여
나무가 스스로 제 이름을 말해줄까 싶어 하염없이 올려보느라
뒷목만 당겼다. 슬슬 도감이 번거로워져 가방에 넣을까 말까
고민하면서 춘당지를 지나 대온실 쪽으로 향했다. 왼편의
자생식물원 옆, 관덕정으로 가는 소로에서 거센 낙엽비 소리를
듣고서야 가던 걸음을 멈추었다.

├ 누가 이 나무를 모르시나요

　먹음직스럽게 황금빛으로 익은 나뭇잎 하나를 주워들었다.
주맥을 중심으로 한쪽 편 잎몸이 어깨를 들썩인 것처럼 비죽
올라가 있다. 또 반대쪽 잎몸은 상심한 어깨처럼 쭉 처져
있다. 그 모양이 하도 신기하여 개중 더 많이 어긋난 것을
골라 도감에 끼워 넣다가 참말로 우연히 그것이 말로만 듣던
느릅나무인 것을 알았다. '느릅나무 잎은 짝궁둥이!'라고
설명하던 선생님의 말에 까르르 웃기만 하고 영 잊고 살았는데
'참 맞는 말이네' 뒤늦게 맞장구를 쳤다. 볼수록 신기해 낙엽을
계속 주웠다. 줍다 보니 오리걸음으로 관덕정 둘레를 한 바퀴
돌았다. 일어나 휘 둘러보니 관덕정 일대에는 서너 그루의
오래된 느릅나무가 살고 있었다.

　느릅나무는 느릅나무과Ulmaceae의 대표 나무다.
왕느릅나무, 난티나무, 참느릅나무, 시무나무 등과 같은
과이며, 누구나 알 만한 느티나무도 느릅나무과에 속한다.
어딜 가나 느티나무는 흔해도 느릅나무는 드물다. 그러니
광화문에서 경희궁으로 가는 길가, 한 교회 앞뜰에서
느릅나무를 만났을 때 반갑기 그지없었다. 처음 봤을 때는
허리를 뒤로 젖혀 하염없이 올려다봐도 가장 가까운 잎이
저 높은 데 있어 영 알아보지 못했다. 수위에게 물었지만
그도 종을 몰랐다. 몇 번을 그렇게 반복하다가 어느 날
언뜻 '짝궁둥이' 이파리 하나가 팔락거리는 게 보였다.
"아, 느릅나무구나" 무척이나 반가웠다.

느릅나무
이파리는
흥에 겨운
어깻죽지,
신명난
궁둥이 같이
들썩거린다.

풍경϶ 느릅나무

회갈색 나무껍질은 비늘 모양으로 벗겨지곤 한다.

창경궁 관덕정 주변에는 잘 자란 느릅나무가 여러 그루 모여 산다.

여름날
느릅나무는
녹음을
더욱 짙게
한다.

가을마다
느릅나무는
느티나무처럼
황금색으로
곱게 물든다.

오래된
느릅나무는
새 땅에서
잘 살고
있을까.

일부러 느릅나무를 보러 간 날, 전에 없이 교회 벽에 큰 플래카드가 나붙어있었다. 새 성전을 짓기로 했다는 공고 아래에는 임시 성전의 위치가 그려져있었다. "그럼 느릅나무는요?" 전화를 걸어 물었지만 나무의 내일을 아는 사람은 없었다. 그게 느릅나무냐고 되묻고 답하는 동안 시간은 더디게 흘렀다. 양평의 수련원인가로 옮기기로 했으며 이전 날짜가 언제인지 알려준 이는 그곳이 여기보다 살기가 낫지 않겠냐고 했던 것 같다. 느릅나무를 옮겨 심기로 한 날, 교회 앞으로 갔다. 인부 여럿이 나무 주위를 오가고 있었고, 그 너머에는 굴삭기가 대기 중이었다. 작업은 순조롭게 진행되는 듯이 보였다. 숱한 행인 중 누구도 그 광경에 집중하지 않는 속에서 더 지켜보고 있기가 힘겨워 한참 동안 엄한 길을 걷다가 교회로 되돌아갔을 때 땅은 평평하게 메워져있었다. 나무 같은 건 아예 없었던 듯.

"뿌리가 들릴 때 나무가 감당해야 하는 공포에 대해서는 어째서 생각 못하는 걸까." 느릅나무가 사라지고 얼마 후, 나무뿌리를 소재로 한 김숨의 단편소설 '뿌리 이야기'에 나온 문장을 읽다가 떠나간 느릅나무가 떠올랐다. '겹치지 못한 세월을 대신해 어루만져라도 볼 것을' 뒤늦은 새벽에 마음이 삽날 같았다. ✲

우리 결혼했어요

창경궁
혼인목

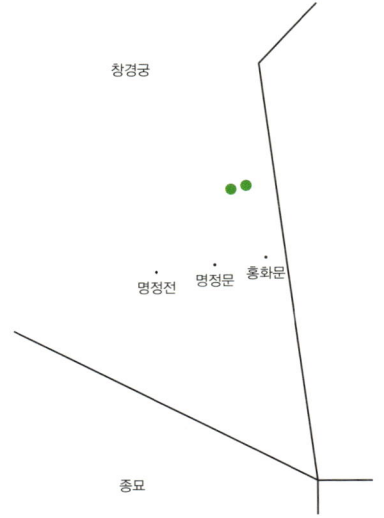

├ 하나 되는 연인

　혹시 연리목連理木을 아시나요? 아마 한 번쯤은
들어보셨으리라 생각합니다. 보다 상세하게 설명하자면,
가지가 이어진 것을 연리지連理枝, 뿌리가 이어진 것을
연리근連理根이라고 하지요. 연리지는 지상에서 벌어지는
일이라 눈에 띄기도 하지만, 연리근은 땅속의 일이라 쉽게
볼 수 없습니다. 줄기와 뿌리는 굳건해 이어지는 데 크게
방해될 것이 없지만, 잔바람에도 흔들리는 가지가 서로
맞닿아 나무껍질 아래 형성층까지 잇는 연리지는 무척이나
신비롭습니다.

　연리목 중에는 가지와 뿌리가 아닌 줄기가 붙은 나무도
있습니다. 따로 연리경連理梗이라 하지 않는 것은 줄기가
이어지면 결국 가지와 뿌리도 이어질 것이라 그러한가 봅니다.
줄기가 합쳐져 한 그루가 되어가는 나무는 우리 주변에
생각보다 많습니다. 가까운 공원이나 뒷산에서도 쉽게 만날
수 있지요. 이처럼 가지, 뿌리, 줄기 등 두 그루 이상의 나무가
마치 한 그루처럼 이어진 나무를 아울러 연리목이라고 합니다.

　연리목이 되기 위해서는 두 개의 조건을 충족해야 합니다.
먼저 줄기나 가지, 뿌리가 서로 닿을 만큼 가까운 거리에
있어야 하죠. 경희궁에는 열두 그루에서 한 나무가 되어가는

느티나무가 있는데, 마치 모종처럼 한 자리에 오소소 모여
자랍니다. 어릴 때는 멀찍했을 텐데 점점 자라 아름드리가
되면서 줄기가 맞부딪히기 시작했습니다. 마침내 열두 그루의
나무는 한 그루가 되어 공생하는 길을 택했습니다. 나무의
거대한 줄기와 줄기는 지금 한 줄기가 되어가고 있습니다.
서로 엇갈린 두 개의 큰 가지가 교차하는 지점은 마치 연인이
입 맞추는 장면과 흡사해 오가는 길마다 오래 올려다봅니다.
　　연리목은 이을 연連 자를 쓰지만, 사랑할 연戀 자와 음이
같아서인지 종종 연인에 비유되곤 합니다. 다른 이들이 만나
하나가 되려 한다는 점도 닮은 대목입니다. 뭐든 한 몸이
되어가는 과정은 쉽지 않습니다. 굵은 줄기가 이어지려면
긴 시간과 큰 인내가 필요합니다. 그리고 무엇보다 중요한 것은
아무리 사랑한다 해도 같은 종의 나무가 아니라면 연리목이
될 수 없다는 사실입니다.

하나가
되려는
줄기의
모습이 꼭
입맞춤하는
연인 같다.

├ 다른 종種의 만남, 혼인

　그렇다면 혼인목婚姻木도 아시나요? 혼인목은 연리목이 갖춰야 할 조건 두 가지 중 하나는 같고 하나는 반대여야 합니다. 혼인목 역시 인접한 나무에서 일어나지만, 두 나무는 하나가 되지는 않습니다. 왜냐하면 서로 종種이 다르기 때문이지요.

　창경궁에는 아주 큰 혼인목이 있습니다. 홍화문으로 들어선 다음, 바로 오른편으로 길을 잡아 조금만 걷다 보면 가장 먼저 눈에 띄는 나무입니다. 혼인을 올린 두 나무는 느티나무와 회화나무입니다. 큰키나무 중에서도 유독 크고 높이 자라는 나무들이지요. 느티나무는 사방팔방 원만하게 자라 마을의 당산목으로 추앙 받고, 학자수라 하여 궁궐이나 양반집 안뜰에 심던 회화나무 또한 담장보다 두 곱절은 높이 자라는 나무입니다.

　잘 자라려면 경쟁목이 없는 너른 자리에 들어서야 하거늘, 공교롭게 두 나무의 씨앗은 아주 가까운 데 내려앉았던 모양입니다. 그때는 몰랐겠지요. 훗날 둘이 혼인하게 될 줄을. 아마 지상에 닿자마자 이리 외쳤을지도 모릅니다. "엄마, 나 잘 도착했어!" 두 나무가 싹이 난 시기는 얼추 비슷하지 않았을까 합니다. 왜냐하면 두 나무 중 한 그루가 먼저 자라 그 땅과 빛을 먼저 차지했다면 늦게 자란 나무는 분명 경쟁 상대가 되기도 전에 말라죽었을 확률이 높기 때문이지요.

　이처럼 혼인목은 가까이 자란 나무이되, 종이 다른 나무 사이에서만 가능합니다. 둘은 절대 한 그루의 나무가 될 수 없지만, 멀리서 보면 마치 한 그루의 나무처럼 보입니다.

상대가 내민 자리에 들어가고, 상대가 들어간 자리에 내미는 태극무늬와도 같은 형상입니다. 어찌 보면 꼭 춤을 추고 있는 듯도 합니다. 4분의 3박자 경쾌한 음악을 들려주면 언제라도 걸어 나와 사뿐한 춤사위를 보여줄 것만 같습니다.

혼인목은 연리목과 달리 줄기가 가까이 있더라도 이어지지는 않습니다. 가지도 마찬가지고요. 얽히기는 해도 한 몸이 되지는 않습니다. 대신 서로에게 길을 양보합니다. 만약 서로의 가지가 부딪히면 제 가지를 먼저 꺾는다고 하더군요. 이어지지 못할 것을 알기에 한 수 접어주는 것일 겝니다. 그것이 공생의 도라는 것을 나무는 진즉 깨달았나 봅니다. 그렇게 혼인목은 하나인 듯 하나 아닌 하나 같은 나무로 살아갑니다.

├ 내 가지를 꺾어라

때로 둘 중 한 나무만이라도 잘 살게 다른 나무를 없애는 것이 낫지 않느냐고 말하는 이도 있습니다. 그러나 혼인목 중 한 나무를 베면 나머지 한 나무도 곧 따라 죽는다고 합니다. 혼인목으로 살아온 시간이 길면 길수록 그리 될 공산이 더 크다고 하지요. 왜 그러한지 처음에는 의아하지만 이내 고개를 끄덕이게 됩니다. 한 나무를 베면 남은 나무는 상대가 있던 자리에 들이치는 빛과 바람에 적응하지 못할 테니 말이죠. 혼인목은 서로에게 방해물이 아니라 버팀목이자 동반자였던 셈입니다.

그리고 다시 생각해 보았습니다. 조상들은 왜 이러한 두 나무를 가리켜 혼인목이라 했는지. 연리목처럼 있는

혼인목은 늘 춤추는 형상이다. 어떤 날은 슬프고 어떤 날은 기뻐 보인다.

어떤 것이
회화나무
이파리고,
어떤 것이
느티나무
이파리려나.
혼인목은
한 그루라
불러야
옳은가,
두 그루라
부르는 게
맞는가.

한 자리에
사는 두
나무는 비도
같이 맞고
추위도 함께
이겨낸다.

그대로의 모습을 본따 근생목近生木이나 그냥 친구목親舊木
정도로 이름 붙여도 좋았을 텐데 말이죠. 그럼에도 혼인목이라
부른 것은 아마도 두 나무가 보여주는 삶의 행태가 부부의
모습과 닮았기 때문은 아닐는지요.

    결혼한 많은 선배들은 한결같이 말했습니다. "정말
우리 남편은 나랑은 다른 종인 게 확실해! 어쩜 그렇게 말이
안 통하니?" "왜 여자를 화성에서 왔다고 하는지 알 것
같다니까. 어떻게 그걸 그렇게 받아들일 수 있지?" 남편과
아내를 이해하지 못하겠다는 하소연은 참 길기도 길지요. 그런
이야기를 결혼도 안한 저에게 늘어놓는 것은 고약한 악취미다
싶지만, 훗날 제 결혼생활에 도움이 될까 하여 꾹 참고 듣곤
합니다. 그리고 한 가지 깨달은 것은 그의 아내, 그녀의 남편을
조금만 헐뜯으면 힘든 하소연을 중단시킬 수 있다는 것입니다.
"그러게, 선배 남편이 좀 갑갑한 데가 있죠." "선배 부인 너무
속 좁은 거 아냐?" 소리를 내뱉을라치면 "어떨 땐 대범해, 야!"
"내가 잘못해서 그렇지, 걔 원래 그런 애 아냐." 저 하나 나쁜X
되어 그들이 잘 산다면야, 더한 일인들 못하겠습니까.

    내 것만이 옳고 내 것만이 더 낫다며 그것을 내세우는
순간, 상대는 상처를 입습니다. 자신만을 위한 언행은 결국
칼이 되는 법이니까요. 그게 반복되면 어느 날엔가는 텅 빈
옆자리를 보게 될지도 모를 테고요. 부딪히면 비껴가고,
비껴가지 못하면 아예 내 가지를 꺾어야 합니다. 그것이
다른 종의 두 사람이 한데서 살아갈 수 있는 길 아닐는지요.
하니 명심하십시오. "내 가지를 꺾어라!"

    부디 지금 여러분 앞에 선 이 두 사람의 앞날에 청정한
빛과 공기, 맑은 물이 흐르길 바라며, 이만 결혼식 축사를
마치겠습니다. ✳

가까이 오지 마시오

덕수궁
주엽나무

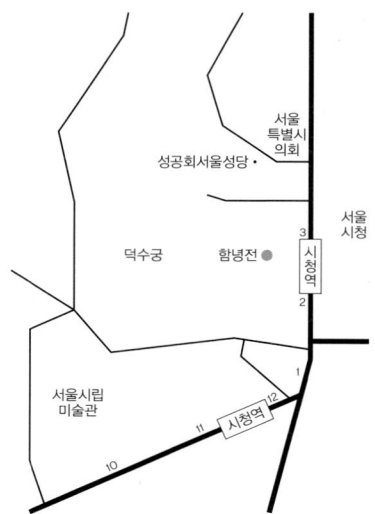

├─ 열매야? 팔찌야?

주엽나무를 처음 본 곳은 덕수궁이다. 나무 공부를
하려 홀로 덕수궁을 찾은 날이었다. 키 큰 한 나무 아래
지렁이치고는 너무 크고 뱀 치고는 너무 뚱뚱한 마른 사체가
여기저기 널브러져있었다. '이 정도면 떼죽음인데 어쩐 일로
뉴스에 한 줄도 실리지 않았을까, 제보를 해야 하나' 하면서
그 나무둥치로 다가갔다. 어랏, 동물이 아니라 식물 개체다.
냉큼 하나 주워 들었으나 도무지 무엇의 부산물인지
알 길이 없다.

길이는 아이 팔뚝만하고, 몸체는 구부러지거나 어중간한
나선형이다. 드문드문 허연 것이 딱 서리 맞은 밤빛이요,
딱딱하기는 호두 저리 가라, 맛은 병을 핥는 듯하니 도대체
무엇에 쓰는 물건인고. 행여나 하고 흔들어 보니 안에서
딱딱하고 작은 무언가가 흔들리는 소리가 났다. 원형으로
둥글게 말린 것 하나를 주워 팔목에 끼니 멋진 천연 팔찌가
되었다. 찰찰 소리까지 나는 게 마음에 들었다. '에라, 모르겠다.
내일도 날이다' 하고는 가던 길을 가려는데, 막 공부하고
돌아가던 숲 동무가 인사를 건넸다. "장선생이 여기 우짠
일이고? 설마 공부할라꼬? 쫌 있으면 문 닫을 낀데 이제
와갖고는 우데 가서 공부했다 자랑할라카나? 안하던 짓 하지

주엽나무 열매는 나무 열매 같지 않게 생겼다.

말고 나가 우동이나 한 그릇 먹자. 근데 팔에는 와 주엽나무 열매를 끼고 있노?" "이게 주엽나무라고요? 그럴 리가요. 나무줄기에 가시가 하나도 없…" 이마 바로 위에 돋아난 성난 가시가 그제야 보였다.

    가을날, 동구릉에 새 보러 갔다가 입구 공중화장실에 들렀는데 그 앞에도 커다란 주엽나무가 몇 그루 있었다. 나무둥치에는 마른 열매가 오가는 발길에 나날이 납작해지고 있었다. 자귀나무, 회화나무, 아까시나무, 박태기나무, 칡과 등처럼 콩과 Fabaceae에 속하는 나무가 대체로 그러하듯 주엽나무 열매도 콩처럼 생겼지만 크기가 워낙 커 그냥 콩과가 아니라 '대왕콩과'라고 부르고 싶어진다. 막상 그 큰 열매 껍질을 까 보면 씨앗은 그야말로 콩알만 하다. 주엽나무 씨앗 한 개의 무게는 0.2그램으로 거의 일정해서 예전에는 무게를 재는 용도로도 쓰였다고 한다. 다이아몬드의 무게 단위, 1캐럿 carat이 0.2그램인 것이 그 증거다.

    그렇다면 주엽나무는 무슨 연유로 열매를 저리 크게 만들었을까. 초식동물을 피하려 줄기에 가시를 내놓고는 훌쩍 자라 높은 데 잎을 내다 보니 열매도 높은 데 달렸을 테고 높은 데서 떨어져도 씨앗이 안전하도록 열매 껍질을 두껍고 크게 만든 것은 아닐까, 하는 것은 순전히 내 생각이다.

ㅏ 나 좀 내버려둬

한 자리에 서 있어 어떤 공격에도 도망칠 수 없는 나무는 갖가지 자구책으로 자신을 보호한다. 화살나무는 줄기에 코르크층을 만들어 초식동물이 먹기 불편하게 만들고, 벚나무는 잎의 꿀샘으로 개미를 유인해 다른 곤충의 침입을 막는다. 또 특유의 향기나 독특한 화학물질로 곤충을 유인하거나 가까이 오지 못하도록 하는 나무도 있다. 같은 운향과芸香科의 산초나무와 초피나무는 줄기와 가지에 코르크질의 크고 작은 가시를 만들었다. 오래된 가시는 끝이 뭉툭해져 가시보다 돌기에 가까운데, 그 모습은 바닷가 바위에 붙은 배말의 껍질 같기도 하고, 유오플로케팔루스Euoplocephalus나 피나코사우루스Pinacosaurus의 등에 난 뿔과도 닮았다. 배말은 단단한 껍질이 있어 거센 파도로부터 여린 속살을 지키고, 초식 공룡은 힘센 육식 공룡의 공격을 막아낼 수 있다. 모두 보기에 섬뜩하다고 함부로 뭐라 할 수 없는 생존을 위한 치열한 외피外皮다.

주엽나무도 가시가 발달했다. 평범한 줄기에 난데없이 가시 무더기가 돋아난다. 돋아났다기보다는 갖다 붙였다는 게 더 어울리게 생겼다. 집 안에 심으면 잡귀가 다가오지 못한다는 엄나무도 가시가 발달했다. 오래된 줄기와 달리 흔히 닭백숙에 넣어 끓이는 가지의 가시는 꽤 날카롭다. 엄나무처럼 주변에 흔한 아까시나무나 찔레, 장미, 명자나무와 산사나무도 가시가 있지만 주엽나무 가시만큼 길고 크지 않다. 밋밋한 줄기와 극적인 대비를 이루는 주엽나무 가시는 탱자나무 가지의 일부를 잘라다 붙인 듯, 가시가 뭉텅이로 돋아나있다. 몇 무더기 엮으면 가시면류관이 될 기세다.

　나무에 가시가 발달하는 것은 초식동물에게 먹히지 않기 위해서라는 의견이 지배적이다. 지금이야 도심에 초식동물이 돌아다니지 않지만 선대의 내력을 따르는 나무는 여전히 가시를 키운다. 초식동물 대신 도심을 지배하는 '왼갖 잡인' 때문에 한시도 마음을 놓을 수 없으니 현명한 선택이다. 몸에 좋다면 용의 발톱이라도 끓여 먹을 포식자, 사람이 나무에게는 제일 두려운 존재일 테니.

줄기를 뚫고
난 가시는
살벌하고도
절박하게
생겼다.

덕수궁 주엽나무

깃꼴겹잎의 주엽나무 잎은 덕수궁 전각 지붕을 화려히 치장한다.

├ 고종과 주엽나무

겨울, 덕수궁 주엽나무 가시는 메말라 더 날카롭다. 그 가시를 한참 들여다 보다가 섬광처럼 '고종!'이 떠올랐다. 덕수德壽라는 궁궐의 이름은 고종의 장수를 비는 의미에서 붙여졌다. 아관파천俄館播遷으로 왕세자와 1년 동안 러시아공사관에 머무른 고종은 1897년, 경복궁이나 창덕궁이 아닌 경운궁慶運宮, 지금의 덕수궁에서 대한제국을 선포했다. 서양식 근대화를 주장하며 스스로 1대 황제가 되어 대한제국의 본궁을 덕수궁으로 삼았다.

고종이 덕수궁을 정궁으로 삼은 것은 열강의 공사관이 밀집한 곳에 머물러야 일제의 압제로부터 다소나마 벗어날 수 있으리라는 판단에서였다. 개똥 피하려다 소똥 밟은 격으로 되레 러시아에 각종 이권을 빼앗긴 고종은 을사조약의 강압성과 불법성을 세계만방에 알리려 했던 헤이그밀사 사건으로 결국 1907년 왕좌에서 내려왔다. 조선왕조의 또 하나의 국명國名이었던 대한제국도 함께 막을 내렸다. 고종은 이후 덕수궁에서 12년의 여생을 마쳤다.

고종에게 덕수궁은 일종의 가시였다. 건드리지 말라는, 다가오지 말라는 경고였으나 불행히도 그 가시는 보기에는 날카로워도 닿으면 휘고 마는 것이었다. 제발 열매만은 가져가지 말라는 애달픈 외침은 메아리도 없이 공허했다. '왜 줄기를 철갑으로 만들지 못했을까, 어쩌자고 엉성한 가시로 겁주려 했을까.' 고종은 주엽나무를 올려다보며 그리 자책하지 않았을까.

가만히 주엽나무 가시를 매만졌다. 가시가 줄기를 뚫고 돋아날 때, 그 아픔은 어떤 종류의 것일까. 처절한 심정이 차갑게 만져졌다. ✱

콩과답게
주엽나무
열매도
어릴 때는
콩 같다.
그러다 자라면
공중을 나는
뱀의 형상이
된다.

나도 엮이기
싫었다고요

덕수궁
등나무

ㅏ   등나무   사계四季

    부산 집은 마당이 안채보다 스무 곱절은 컸다. 김해평야에
살아 좋은 것은 어딜 가나 땅이 넓다는 것이었다. 산은
구름처럼 아스라한 데 희미했고 사방을 둘러보면 온통 드넓은
대지였다. 300제곱미터가 넘는 텃밭이 집 안에 있으니
밥상에 오르는 거의 모든 채소는 직접 키워 먹었다. 풀 뽑다가
밭의 끝자락까지 간 엄마는 불러도 불러도 돌아보지 않았다.
북쪽 담장 역할을 한 탱자나무 앞에는 감나무 일곱 그루가,
밭고랑에는 스물세 그루의 배나무가 자랐다. 마당 한쪽
화단에는 갖가지 초목이 우거졌는데, 그중에서 제일 좋아한
나무가 바로 등나무였다.
    안채와 마주한 자리에 큰 평상이 있고, 평상 위로 등나무
덩굴이 자라도록 지주支柱를 세워 놓았다. '바닷바람 불어오면
여름, 강바람 불어오면 겨울'이라는 무딘 계절 감각을 등나무는
세밀하게 일깨워주었다. 겨우내 말라버린 등나무 가지에
연한 이파리가 돋으면 학년이 바뀌었다. 봄이 온 것이다.
활짝 열린 문으로 등꽃 향이 툇마루를 넘어 작은 방까지 밀고
들어오면 여름이 가까워진 거다. 취한 듯 등꽃에 몰려드는
꿀벌을 구경하다 벌침에 두어 방은 쏘여야 진짜 여름이다.
꽃이 져도 등나무 이파리는 오래도록 달려있었다. 고춧대에

내려앉은 잠자리 쫓다 지치면 감나무에 올라 잘 익은 감 몇
개 따다 등나무 그늘 아래에서 닦아 먹으며 열을 식혔다. 가을
햇빛 막아주는 등나무 그늘 아래 드는 쪽잠은 꿀보다 달았다.
꽃 진 자리에 조롱조롱 매달린 열매가 얼른 자라기를 기다리며
가을을 다 보냈다. 등나무 열매는 껍질이 꼭 융 같다. 아빠가
오일장에서 사온 강아지 등짝이나 엄마가 시집올 때 해왔다는
담요를 쓸어내릴 때처럼 부드러웠다. 그 느낌이 하도 좋아
등하교길마다 만지작거렸다. 잎도 꽃도 열매도 다 지고 오로지
줄기와 가지만 남았을 때, 겨울은 이미 와 있었다. 빈 평상에는
흰 서리만 하얗게 서리었다.

무주에는
등나무로
둘러싸인
운동장이
있다.

├─ 등나무운동장과 덕수궁등나무

다 자라 서울로 이사하면서 계절 감각도 형편없어졌다.
비염은 만성이 되었고, 환절기마다 인후염을 앓았다. '에어컨
틀면 여름, 온풍기 틀면 겨울'이었다. 무주에 취재하러 가서야
다시 아름다운 등나무를 만났다. 무주군에서 운영하는
등나무운동장 소개 홈페이지에는 면적과 좌석 수는 얼마나
되며, 깃발 게양대와 영사실과 화장실이 부대시설로 갖춰져
있으며, 야외 영화 상영이 가능하다는 내용과 함께 전용
사용료, 부대설비 사용료 등만 나와있다. 이토록 멋진 운동장을
만든 이가 건축가 정기용이라는 사실은 어느 구천을 떠돌고
있는지, 한 줄도 없다. 오히려 영화 〈말하는 건축가〉에
등나무운동장의 내력이 상세히 나온다.

아무리 큰 행사가 열려도 군민들이 찾아오지 않아 그 이유를 알아보았더니, 행사 때마다 본부석에만 차양이 처지고 주민들은 노상 땡볕에 앉아있어야 하니 힘들어서 안 간다는 말에 정기용은 운동장 둘레에 스탠드를 만들고, 등나무가 잘 감아 오르도록 지주를 세웠다. 이후 군민들은 공설운동장이었던 등나무운동장을 찾아와 세상에서 제일 아름다운 운동장이라며 감탄했다. 실제 등나무운동장에 가 보니 그늘도 그늘이지만, 소리가 참 듣기 좋았더랬다. 바람이 불어오자 등나무 잎이 부딪히며 내는 소리가 사방에서 몰려와 운동장 가운데 들어찼다. 등나무 이파리는 저쪽 끝에서부터 이쪽 끝까지 순서대로 너울져 꼭 '파도타기 응원' 같았다. 그것이 내가 본 두 번째로 아름다운 등나무 풍경이다.

궁궐에서 등나무를 다시 만나게 될 줄은 몰랐다. 하물며 양반네도 일을 꼬이게 할까 봐 심기를 꺼렸는데, 그보다 지엄한 왕가에서 배배 꼬인 등나무를 심었을 리 만무하지 않은가. 실제 등이나 칡 같은 덩굴식물은 무언가에 의존해 자라는 것이 소인배의 행태와 비슷하며, 줄기가 곧지 않다고 해서 궁궐에는 심지 않았다. '보이는 것이 다가 아니다' '심중을 꿰뚫어라'는 선현의 가르침은 어느 구멍으로 들었는지, 글줄 깨나 읽었다는 양반네나 조선을 좌지우지하는 문무대신의 발상이 참으로 평면적이다.

등나무 휘어진 가지 너머 반듯한 석조전이 보인다.

등나무 그늘은 서늘하고 향기로운 쉼터다.

등나무

　　하나 덕수궁에는 등나무가 있다. 경희궁에 좀작살나무가 있기는 하지만, 경희궁은 공원이 되었으니 그렇다 치고 덕수궁에 등나무는 어인 일일까. 덕수궁은 구한말 이후 혼재된 문화상을 되비추는 거울 같은 곳이다. 대한제국 이후 급격히 흔들린 조선왕조의 위상은 덕수궁의 근대화된 건물 양식과 조경에도 그대로 드러난다. 유럽 양식의 덕수궁 석조전과 마주한 자리에 등나무가 심어졌고, 그 사이에는 격에 맞게 파란 분수가 들어서있다. 조선의 것도, 왕조의 것도 아니라며 비난하는 이도 있지만, 등나무가 무슨 죄인가. 생긴 것 가지고 꼬였다, 소인배 같다 하는 사람이 잘못이지. 등나무도 할 말 많다. "누구는 이렇게 생기고 싶어 생겼겠어요? 나도 궁궐이든 기둥이든 당신들과 엮이기 싫었다고요."

여름이면
등나무 덩굴은
해들 새 없이
무성하다.

등나무
열매 껍질은
융처럼
보들보들하다.

등나무
가지가
감아오를 데를
찾는다.

가죽나무와
아까시나무,
주엽나무처럼
등나무 잎도
깃꼴겹잎이다.

등나무
겨울눈 아래
엽흔葉痕이
말한다.
"나도 엮이기
싫었다니까!"

등나무
꽃향기는
떠올리면
아늑해진다.
황홀하게
좋은데
돌아서면
기억나지
않는다.

┠ 갈등은 단단하다

고운 향기에 한 번, 고운 자태에 또 한 번, 칡꽃에
두 번 놀랐다. 하늘 향한 칡꽃을 두고 숲 동무들은 '빵빠레
아이스크림'이라고 불렀다. 횃불처럼 생긴 모습이 영락없이
닮긴 했다. 등꽃은 땅을 향한 칡꽃처럼 생겼다. 둘은 꽃이
자라는 방향만 정반대가 아니다. 덩굴식물은 대개 감아 오르는
방향이 정해져있는데, 위에서 내려다 봤을 때 칡은 왼쪽으로,
등나무는 오른쪽으로 감아 오른다. 갈등葛藤이라는 말의
유래다. 갈등은 칡과 등나무가 얽히듯이 의견이 다른 쌍방이
충돌하는 것을 말한다.

갈등은 대체로 피하고자 하지만, 대체로 피할 수 없다.
누구나 갈등을 겪는다. 하나 또 갈등은 당장 겪기에는
고통스럽지만, 잘만 이겨내면 살아가는 데 도움이 된다. 갈등을
겪던 상대와 단단한 유대가 생길 때면 갈등이 꼭 나쁜 것만은
아니라는 생각 또한 단단해진다. 그러고 보면 왼쪽으로 감는
칡과 오른쪽으로 감는 등나무 줄기를 엮으면 그보다 단단한
덩굴이 없지 않을까 싶다. 억지로 풀기보다 얽히면서 생겨난
새 힘을 이용하는 것이 더 현명하지 않을까, 싶지만 그럼
등나무가 또 한 마디 하겠지. "나는 엮이기 싫다니까." ✶

선홍빛 기억
꽃으로 피어나고

동묘
배롱나무

⊦   진정   나목 裸木
―――――――――

　겨울나무는 빈 몸이라 더 숭고하다. 푸른 잎, 단 열매
다 지고 뿌리 위에 줄기만 남은 모습은 그야말로 근본根本의
형상이다. 어떤 것으로도 가리지 않은 외형은 안으로 키운
나이테의 밀도를 그대로 반영한다. 사람과 달리 나무의 몸매는
겨울에 제대로 드러난다. 사나운 기후를 맨몸으로 견디는
겨울나무를 칭송할 적에, 한 나무가 두툼한 볏짚으로 옷을 해
입고는 '품위는 개뿔, 추워 죽겠구만' 구시렁댄다. 꼭대기까지
짚 침낭을 뒤집어 쓴 것이 '나무고치'라 할 만하다. 꽈배기처럼
휘어진 생김을 보니 뉘신 줄 단번에 알겠다. 추우면 사지四枝를
못 써 사지死地로 가는 배롱나무로구나.
　중국 남부에서 온 배롱나무는 우리나라의 전라, 경상
지역에서는 가로수로 심을 만큼 어디서나 잘 자란다. 따뜻한
부산에는 배롱나무 가로수가 2000그루가 넘고, 무려
800년이나 산 배롱나무도 있다. 아니나 다를까 천연기념물로
지정되었는데, 배롱나무로는 유일하다. 남원시의 시목市木이
배롱나무고, 경상북도 도화道花, 광주시 북구 구화區花가
배롱나무 꽃이다. 배롱나무 명소도 거개가 중부 이남이다.
고창 선운사, 담양 명옥헌, 경주 서출지, 영동 반야사, 남원
선국사, 강진 백련사, 안동 병산서원 등. 또 하나의 공통점은

그곳들이 불가佛家 아니면 반가班家라는 것이다. 배롱나무는 승려와 선비가 아끼는 나무다. 원래 이름인 백일홍나무의 발음대로 배기롱나무가 되었다가 '기'를 빼고 배롱나무로 짧게 부르게 되었다는 가벼운 유래로는 짐작할 수 없는 일이다. 배기롱나무에서 롱 배기팬츠 long baggy pants를 떠올렸다면 나무는 영 모르지만 당신의 언어 감각만은 분명 남다르다 하겠다.

배롱나무는 줄기가 얇다. 나무껍질을 죄 벗겨낸 듯 매끈하다. 사람의 맨살 같다. 연한 붉은 빛까지 감도니 딱 나체裸體다. 하필 꽃이 또 붉어 나체에서 피가 솟는 듯하니 민가民家에서는 심기를 꺼렸다. 허나 불가와 반가에서는 아무 치장도 없는 나무껍질이 진정한 나목의 형상이며, 무궁화처럼 꽃이 늘 새 꽃이 피어난다 해서 청렴하게 받아들였다. '원 소스 멀티 억셉트 One Source Multi Accept'의 좋은 예다.

배롱나무는 사찰이나 정자와 잘 어울린다. 우선 키가 맞다. 한옥은 대개 단층이라 크게 자라는 나무를 심으면 시야가 가린다. 배롱나무는 3~5미터, 아주 커야 7미터다. 또 색상이 한옥과 잘 어울린다. 황토 마당과 황색 나무껍질, 검은 기와와 진분홍 꽃은 비고 넘친 데를 채우고 막는다.

한데 비교적 추운 중부 지방에서는 겨울이면 짚으로 옷을 해 입혀도 잘 못 살아 배롱나무가 드물다. 오다가다 남산 소월로 야외식물원 앞에서, 계동 현대사옥 화단에서, 북촌의 한 한옥 마당에서, 서대문독립공원 호숫가에서, 정동길 이화여고 백주년기념관 앞에서 본 것이 다. 그러다 예상치 않게 동묘에서 한옥과 제대로 짝을 이룬 배롱나무 한 쌍을 만났다.

나무껍질이
얇은
배롱나무는
중부지방에서는
짚옷을
해 입어야
겨울을 날 수
있다.

애무

동묘에 들어서면 배롱나무 두 그루가 가장 먼저 맞아준다.

├ 웰컴 투 키치 월드

동묘는 관우關羽를 모시는 곳이다. 관우 장비 할 때 그 관우가 맞고, 관우의 시신이 아니라 신위神位를 모신다. 문묘가 공자의 신위를 모시는 것과 같은 이치로, 동묘를 무묘武廟라 부르기도 했다. 지금은 사라진 북묘와 서묘도 관우를 모셨을 만큼 한때 관우의 위상은 대단했다. 선조 때 중국의 압력으로 지어놓고 방치하다가 숙종 이후, 특히 정조 때 잘 보살펴 지금에 이르렀다. 동묘는 신위의 주인만큼 건축 양식도 독특하다. 건물 배치나 건축 양식에서 강한 '중국풍'이 불어온다. 금빛 얼굴을 하고 그보다 더 짙은 금빛 옷을 입은 관우의 동상을 보고 있자면, 누군가 공간이동의 묘수(그래서 동묘動妙?)를 부린 건가 주위를 둘러보게 된다. 허나 곳곳에는 한낮에 잠든 노숙자나 초점 잃은 눈빛의 노인뿐이다. 묘기를 부릴 만큼 기운찬 사람은 없어 뵌다.

'탱크 빼고 다 있다' '잘만 하면 탱크도 만들 수 있다'는 동묘 앞 벼룩시장. 1980년대 생산된 국산 전기밥솥과 '나의 나의my my'라는 이름의 휴대용 미니 카세트, 이 나간 선풍기 날개와 솥 없는 솥뚜껑을 보면 "정말 별 걸 다 파네" 소리가 절로 나온다. 노상에 내놓은 물건에는 폐지로 만든 이름표와 가격이 달려있는데 '국산, 최신, 고급, 천연'이라는 수식어가 무색하게 단돈 1000원이 태반이다. 그야말로 잡스럽다. 동묘 앞의 '키치kitch'는 동묘의 정체성과 잘 어우러진다. 21세기 서울과 관우의 사당, 그 사이에는 거대한 씽크홀이 존재한다. 중국에서 온 배롱나무를 심는 지조는 옛것이되, 그 나무 아래 비석에 금잡인禁雜人이라는 한자를 깊게 새긴 결단은 참으로 현대적이다.

동묘 앞
벼룩시장
물건을
잘 조합하면
탱크도
만들 수 있다.

배롱나무
꽃잎을
안 찢고도
바로 펼칠 수
있을까.

배롱나무는
청렴해
보인다는
이유로 불가와
반가에서
유독 아꼈던
나무다.

├ 이 꽃 지면 저 꽃 피어

　왕이 엎디던 사당을 허울뿐인 유적으로 만드는 무심한 세월은 오늘도 흐르고 흘러 동묘에는 다시 배롱나무 꽃이 피었다. 내문 앞 나란한 두 그루에 한가득 핀 배롱나무 꽃은 언제 봐도 기와와 참 잘 어울리는 빛이다. 부처꽃과Lythraceae의 배롱나무는 이름만큼 꽃의 생김도 유별하다. 꽃잎의 윗부분은 멀게는 캉캉드레스, 가깝게는 꽃상추처럼 주름이 많아 화려하다. 비칠 듯 얇은 꽃잎은 잔바람에도 크게 춤춘다.

　2012년 여름, 광주비엔날레를 취재하면서 호주 멜버른에서 활동하는 인도네시아 태생의 틴틴 울리아Tintin Wulia를 만나 인터뷰했다. 작가를 만난 광주시립미술관 뜰에도 배롱나무 꽃이 피어있었다. 그녀는 '우리는 꽃에 주목하지 않는다Nous ne notons pas le fleurs'라는 제목의 지도 작업을 선보인 바 있는데, 그 연작으로 대인시장에서 광주 시민들이 광주 지도를 표현하는 퍼포먼스를 열었다. 그녀는 인터뷰에서 개인의 역사와 함께 1980년 광주민주화운동과 관련된 부분을 집중 조명하고 싶다고 말했다. 사진을 찍을 차례, 그녀를 배롱나무 아래 서게 했다. 짧게나마 그녀에게 꽃에 대해 설명했다. 모내기 할 때부터 추수할 때까지 대략 백일 간 피어 백일홍이라고.

배롱나무의 원래 이름 백일홍百日紅은 백일 동안 붉게
핀다는 뜻이 맞다. 겉보기에는 백일 내내 피는 것으로 보여도
실제 배롱나무 꽃은 한 꽃이 지면 또 다른 꽃이 피어 백일을
이어간다. 그 대목이 작가가 조명하려는 광주민주화운동과
맥이 닿는다고 생각했지만, 영어가 길지 않아 그 뜻을 온전히
전하지 못했다. '온 생명 바쳐 지켜낸 내일에 나는 없다'는 것이
피눈물겹지만, 정작 그들에게 내일이던 오늘을 사는 우리는
그 고마움을 잊고 산다. 배롱나무 꽃은 그 선홍빛 기억을
일깨운다. ✳

아무리
고운 꽃도
언젠가는
지고 만다.

신들의 정원
민초의 나무

종묘
물박달나무

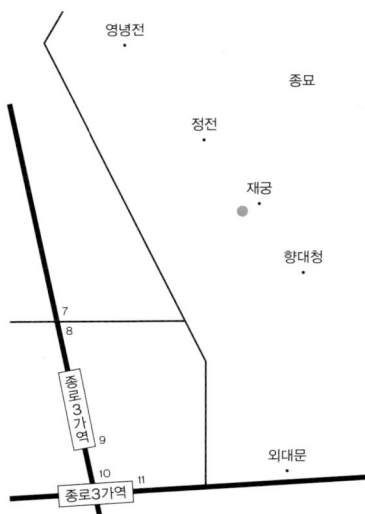

├─ 살아서는 왕王 죽어서는 신神

　종묘도 궁궐이다. 궁궐에서 삼년상을 치른 조선의 왕과 왕비의 신위를 모시는 사당이자 신들의 궁궐, 신궁神宮이다. 도성을 계획할 때 궁궐 동쪽에 종묘를, 오른쪽에 사직단을 두는 중국의 방식을 그대로 따라 조선을 건국하면서 경복궁의 동쪽에 종묘를 지었다. 1395년 경복궁보다 먼저 지어진 종묘는 1995년 창덕궁과 함께 세계문화유산에, 종묘제례와 제례 때 연주하는 음악인 종묘제례악은 2001년 인류 구전 및 무형유산 걸작으로 유네스코에 등재되었다.
　해외로 뻗어나간 종묘는 수평의 공간이다. 정문인 외대문外大門으로 들어서면 곧장 나오는 삼로三路가 수평의 시작을 알린다. 길은 이름대로 세 갈래로 나뉜다. 가운데는 신로神路라 하여 신이 다니는 길이고, 그 길을 중심으로 오른쪽 길은 임금이 다니는 어도御道, 왼쪽 길은 왕세자의 세자도世子道다. 신들이 다니는 길이니 신로로는 다니지 말라는 철제 안내판이 신로 한가운데 떡 하니 세워져있어 신들은 허들을 즐겨야 한다. 삼로를 걷다 보면 신기하게도 마음이 차분해진다. 옆에 난 신로에 정말 신이 걷고 있기나 한 것처럼. 실제 신이 걷는 것도 아닐진대 길을 내 그들의 존재를 의식하는 것은 의례의 의의일 것이다.

왕의 혼이 모인 신전, 종묘를 건립한 건 다분히 수직적인 사고에서 기인했다. 중국을 받들고 왕조의 시조인 태조를 받들고, 후대 왕은 선대 왕을 받들게 하려는 것이 종묘의 목적이다. 그럼에도 종묘를 수평의 공간으로 인식하게 만든 가장 큰 이유는 정전 때문이다. 길이가 100미터에 달하는 국내에서 가장 긴 목조 건축에는 장엄한 절제미가 흐른다. 보태어 단정하고 정직한 맞배지붕은 길이감을 배가시킨다.

정전이 처음부터 이리 장대한 것은 아니었다. 고작 7칸에 불과했다. 신위를 모실 공간이 부족해지자 세종은 정전 서쪽에 영녕전을 새로 지었다. 허나 신실은 다시 부족해졌고 결국 정전을 증축했다. 증축은 명종과 영조, 헌종 때 440여 년 간 세 차례에 걸쳐 이루어졌고, 정전은 최초 크기의 거의 세 곱절에 달하는 19칸으로 늘어났다. 정전의 뒷벽을 보면 증축의 흔적이 고스란히 남아있다. 마침 초등학생 대여섯 명을 대동한 선생님이 정전 건축을 설명하고 있다.

종묘 정전은 조선 건축의 최고 걸작이다.

— 선생님 : 아까 다녀온 경복궁하고 이곳 종묘는 뭐가 다른 것 같아요?
— 어린이 : 궁궐은 살아계신 왕이 살던 곳이고 여기는 돌아가신 왕이 살아요.
— 선생님 : 맞아요, 참 잘 말해주었어요. 또 다른 게 뭐가 있을까요?
— 어린이 : 색이요. 건물에 색깔이 별로 없어요.
— 선생님 : 그것도 맞아요. 우리 친구가 참 대단한 걸 발견했네요. 종묘는 단청에 붉은색과 초록색만 써요. 그리고 또요?
— 어린이 : 종묘는 옆으로 길어요.
— 선생님 : 그렇죠. 그리고 건물 뒷벽을 보면 색이 밝았다가 진했다가 달라지는데 그건 왜 그럴까요?
— 어린이 : 불 났나 봐요.
— 선생님 : 처음 짓고 난 다음 계속 덧지어서 그래요. 돌아가시는 왕이 자꾸 늘어나니까요. 종묘에는 창문이 없는데 왜 그런지 아는 친구?
— 어린이 : 영혼이 빠져 나가지 말라고 그런 거예요?

― 선생님 : 왕들의 영혼이 편히 쉬도록 빛이 들지 못하게 한 거래요.

하지夏至, 더위를 참지 못해 종묘에 갔다. 정전에 닿는 순간, 잘 달군 쇠 찬물에 식는 소리가 났다. '치익!' 마음의 열기까지 덩달아 한풀 꺾였다. 몸이건 마음이건 더우면 종묘에 가곤 한다. 그리고 월대月臺를 바라본다. 정전 앞에는 그보다 훨씬 너른 월대가 펼쳐진다. 월대는 정전의 규모에 걸맞게 광활한데, 꼭 '오래 전 죽은 자와 산 자 사이의 시간을 형상화한 공간' 같다. 월대를 이루는 박석은 시간의 일부처럼 보인다. 하니 당장의 고난은 박석의 부스러기만도 못한 일이라는 것을 금세 깨우친다. 월대에 이르러 종묘의 수평은 비로소 완성된다.

├ 신들의 정원에 네가 어인 일이냐

종묘에는 19칸 정전에 49위, 16칸 영녕전에 34위까지 다 합해 83위의 왕과 왕비의 신위가 모셔져있다. 덩달아 종묘의 숲은 신림神林이라며 오래도록 신격화되어 왔다. 처음에는 소나무가 숲을 이루었는데, 숲의 천이遷移로 자연스럽게 갈참나무 군락이 생겼다. 현재 종묘에는 소나무 100여 그루, 갈참나무 800여 그루가 산다. 가장 많은 건 1600여 그루나 되는 잣나무지만, 대개 종묘 하면 정전 위로 멋지게 솟아오른 갈참나무를 떠올린다. 종묘를 대표하는 나무지만, 죽어서도 신이 된 왕의 공간과 정전보다 높이 자란 갈참나무는 어딘지 모르게 위압적인 데가 있다.

그래서인지 언제부턴가 종묘에 들면 재궁齋宮, 임금과 왕세자가 머물며 제례를 준비하던 곳 앞 물박달나무를 찾아간다. 왕과 신으로 가득한 공간에 어울리지 않는 물박달나무는 한눈에도 기품이라고는 없다. 자작나무과Betulaceae 나무답게 단정치 못하다. 자작나무는 나무껍질이 가로로 길게 벗겨져 그나마 단정한 데 비해, 물박달나무는 비정형의 껍질 조각이 층을 이루어 덕지덕지하다는 인상을 준다. 물박달나무를 마주하면 나무줄기에 대한 관념이 통째 흔들린다. 빵으로 치면 페스트리가, 사무용품으로 치면 덧붙인 포스트잇이 연상된다. 아프거나 지저분한 느낌을 받기도 하는데, 건강이나 위생상태와 무관한 그저 타고난 기질이다.

물박달나무는
어쩌다가
종묘에 살게
되었을까.

물박달나무 나무껍질은 보고도 믿기 어렵게 생겼다. 멀쩡한 잎이 되레 이상해 보인다.

물박달나무는 허구한 날 왕들만 떠받들지 말고, 힘없는 백성도 기억하라는 사신使臣이다.

재질이 단단해 각종 생활용구를 만들어 쓴 박달나무처럼 물박달나무도 다듬이질할 때 쓰는 홍두깨나 방아, 쟁기 등을 만드는 목재로 애용되었다. "반드럽기가 삼 년 묵은 물박달나무"라는 속담은 손때 타 반질반질한 상태를 이르며, 요리조리 잘 빠져나가는 인물을 빗댈 때 쓴다. 서양인이 처음으로 채보해 세계에 소개했다는 '문경새재 아리랑'에도 물박달나무가 등장한다. "문경새재 물박달나무 / 홍두깨 방망이로 다 나가네 / 홍두깨 방망이는 팔자가 좋아 / 큰애기 손질로 놀아나네 (후략)" 게다가 물박달나무는 물에 젖어도 잘 타 불쏘시개로도 유용했다. 다른 나무는 젖어 못 쓸 때도 물박달나무 껍질에는 불이 붙는다고 한다. 이처럼 물박달나무는 민초 가까이 있던 나무다.

겉보기에는 처량 맞고 처연해 보이지만, 물박달나무는 건강한 나무다. 신림에 어울리는 외양은 아니지만, 속내만은 야무지다. 정전에 오래 머물다 보면 시간 감각과 공간 지각이 얼얼해지기도 하는데 돌아 나오는 길, 재궁 앞 물박달나무를 마주하면 마음이 한결 편하다.

백성 없는 왕이 어디 있던가. 민초民草의 신산한 삶을 대변하는 물박달나무는 꿋꿋이 신들의 정원에 살며 '우리도 기억하라' 외친다. ✳

참고문헌

《궁궐의 우리 나무》, 박상진 지음, 눌와, 2011
《겨울나무 쉽게 찾기》, 윤주복 지음, 진선북스, 2012
《나무가 말하였네 1, 2》, 고규홍 지음, 마음산책, 2012
《나무가 청춘이다》, 고주환 지음, 글항아리, 2013
《나무 살아서 천년을 말하다》, 박상진 지음, 랜덤하우스중앙, 2004
《나무 쉽게 찾기》, 윤주복 지음, 진선북스, 2013
《나무에 새겨진 팔만대장경의 비밀》, 박상진 지음, 김영사, 2007
《나무의 아기들》, 이세 히데코 지음, 김소연 옮김, 천개의 바람, 2014
《나무야 나무야》, 신영복 지음, 돌베개, 1997
《나무열전》, 강판권 지음, 글항아리, 2013
《나무의 수사학》, 손택수 지음, 실천문학사, 2010
《나무의 죽음》, 차윤정 지음, 웅진지식하우스, 2007
《나무처럼 산처럼 1》, 이오덕 지음, 산처럼, 2012
《나무 해설 도감》, 윤주복 지음, 진선북스, 2012
《내 이름은 왜?》, 이주희 지음, 자연과 생태, 2012
《늘 푸른 소나무》, 정동주 지음, 한길사, 2014
《도시에서, 잡초》, 이나가키 히데히로 지음, 염혜은 옮김, 디자인하우스, 2014
《목련 전차》, 손택수 지음, 창비, 2013
《뿌리 이야기》, 김숨 외 지음, 문학사상, 2015
《사라진 서울》, 강명관 지음, 푸른역사, 2009
《사랑하면 보이는 나무》, 허예섭·허두영 지음, 궁리, 2012
《서울의 나무, 이야기를 새기다》, 오병훈 지음, 을유문화사, 2014
《서울, 한양의 기억을 걷다》, 김용관 지음, 인물과사상사, 2012
《세밀화로 그린 보리 어린이 나무 도감》, 이제호·손경희 지음, 보리, 2013
《숲에서 살려낸 우리 말》, 최종규 지음, 철수와 영희, 2014
《숲에서 우주를 보다》, 데이비드 조지 해스컬 지음, 노승영 옮김, 에이도스, 2014
《식물은 알고 있다》, 대니얼 샤모비츠 지음, 이지윤 옮김, 다른, 2013
《식물의 역사와 신화》, 자크 브로스 지음, 양영란 옮김, 갈라파고스, 2005
《신화 속 상상동물 열전》, 윤열수 지음, 한국문화재보호재단, 2010
《양화소록》, 강희안 지음, 서윤희·이경록 옮김, 눌와, 2012
《우리가 정말 알아야 할 우리 나무 백 가지》, 이유미 지음, 현암사, 2007
《우리 나무의 세계 1, 2》, 박상진 지음, 김영사, 2013
《오름 오르다》, 이성복 지음, 현대문학, 2004
《자연기행》, 강운구 지음, 까치, 2008
《장자》, 장자 지음, 김학주 옮김, 연암서가, 2010
《장자 I》, 장자 지음, 이강수·이권 옮김, 도서출판길, 2005
《조선의 집 동궐에 들다》, 한영우 지음, 효형출판, 2006
《좋은 문장을 쓰기 위한 우리말 풀이사전》, 박남일 지음, 서해문집, 2014
《파브르 식물 이야기》, 장 앙리 파브르 지음, 추돌란 옮김, 사계절, 2013
《Flower & Tree: 세상에서 가장 아름다운 꽃과 나무 이야기》, 마리안네 보이헤르트 지음, 이은희 옮김, 을유문화사, 2002
《한국의 나무》, 김진석·김태영 지음, 돌베개, 2012

서울 사는 나무

글·사진
장세이

1판 1쇄 펴낸날 2015년 5월 10일
1판 4쇄 펴낸날 2018년 12월 27일

펴낸이	펴낸곳	
전은정	목수책방	서울시 성동구 독서당로 230, 2층
		출판신고 제25100-2013-000021호
		대표전화 070-8152-3035
		팩시밀리 0303-3440-7277
		이메일 moonlittree@naver.com
		블로그 post.naver.com/moonlittree
		페이스북 facebook.com/soobookssoobooks
		인스타그램 instagram.com/moksubooks

디자인	독자 교정	제작	마케팅
이기준	배미용	제이오	김하늘

Copyright © 2015 장세이
이 책은 저자 장세이와 목수책방의 독점 계약에 의해 출간되었으므로
이 책에 실린 내용의 무단 전재와 무단 복제를 금합니다.

ISBN   가격
979-11-953285-3-6. 03480   20,000원

이 도서의 국립중앙도서관 출판예정도서목록(CIP)은 서지정보유통지원시스템
홈페이지(http://seoji.nl.go.kr)와 국가자료공동목록시스템(http://www.nl.go.kr/
kolisnet)에서 이용하실 수 있습니다.(CIP제어번호: CIP2015011473)